U0335870

湖山艺丛

论中国建筑之几个特征

林徽因 著

浙江人民美术出版社

1936年6月，林徽因在测绘山东滋阳兴隆寺塔

1937年7月，林徽因在山西五台县佛光寺院内测绘经幢

出版说明

林徽因（1904—1955）是著名的诗人、作家，更是一位在建筑史研究上具有极高建树的建筑学家。

在古建筑研究领域，梁思成和林徽因的名字几乎难以分开。20 世纪 30 年代初，林徽因与丈夫梁思成运用现代科学方法研究中国古代建筑，成为这个学术领域的开拓者。1931 至 1937 年间，她多次参加中国营造学社的野外考察活动，与学社同人们一起从事中国古代建筑的研究工作，同梁思成合作或独立撰写了多篇调查报告，发表于《中国营造学社汇刊》，影响深远。抗战爆发后，她随学社一同前往西南后方云南、四川等地，为辅助梁思成的研究做了大量工作，尤其是帮助梁思成反复修改《中国建筑史》和英文版《图像中国建筑史》等书稿。梁思成发表的许多文章都和林徽因共同署名。正如梁思成在《图像中国建筑史》前言中所说，“没有她的合作与启迪，无论是本书的撰写，还是我对中国建筑的任何一项研究工作，都是不可能成功的”。

本书精选的文章均由林徽因单独署名。其中，

《论中国建筑之几个特征》是林徽因发表的第一篇古建筑研究论文，被誉为“中国建筑史论的里程碑之作”。文章从中国建筑的系统，到实用、坚固与美观的统一，再到中国建筑在世界建筑史上的地位，最后谈到中国建筑的未来，几乎概括了梁思成和林徽因毕生研究建筑史的总纲。《中国建筑之特征与演进》是林徽因为梁思成所著《清式营造则例》所写的“绪论”，阐明了中国古建筑的“真髓所在”，在建筑史学方面做出了极为重要的学术贡献，堪称林徽因学术研究的巅峰之作。《我们的首都》是1951年到1952年在《新观察》上连载的十几篇介绍北京古建筑的文章的合集，此时的北京城已经开始遭到破坏，她想通过这种方式来说明北京古城的重要价值。与梁思成相比，林徽因虽然觉得建筑之美主要是结构的自然表现，但也不排斥恰如其分的色彩与装饰，因此她不间断地做着相关的研究和设计工作。

值得一提的是，严肃而十分专门的研究工作并没有限制林徽因文学家的气质。事实上，由她撰写的论文和学术报告往往独具一格，语言明快隽永，甚至充满诗情画意，体现出她在中国和西方传统文化、艺术领域的广博知识积淀和深厚修养，给人以别样的愉悦感和启发性。

今年是林徽因诞辰 120 周年，谨以此小书纪念这位 20 世纪伟大的女性。

另需说明的是，本书所收文章，产生于作者所生活的年代，其中部分字、词、标点的写法及文句的表达与现行标准有所出入。出于保持作品原貌的考虑，本次出版除个别确有必要修改者，其他均未做大的调整，望读者在阅读过程中略加留意。

浙江人民美术出版社

2024 年 8 月

目 录

论中国建筑之几个特征

中国建筑为东方最显著的独立系统；渊源深远，而演进程序简纯，历代继承，线索不紊，而基本结构上又绝未因受外来影响致激起复杂变化者。不止在东方三大系建筑之中，较其他两系——印度及阿拉伯（伊斯兰教建筑）——享寿特长，通行地面特广，而艺术又独臻于最高成熟点。即在世界东西各建筑派系中，相较起来，也是个极特殊的直贯系统。大凡一系建筑，经过悠长的历史，多掺杂外来影响，而在结构、布置乃至外观上，常发生根本变化。或循地理推广迁移，因致渐改旧制，顿易材料外观；待达到全盛时期，则多已脱离原始胎形，另具格式。独有中国建筑经历极长久之时间，流布甚广大的地面，而在其最盛期中或在其后代繁衍期中，诸重要建筑物，均始终不脱其原始面目，保存其固有主要结构部分，及布置规模，虽则同时在艺术工程方面，又皆无可置议地进化至极高程度。更可异的是：产生这建筑的民族的历史却并不简单；且并不缺乏种种宗教上、思想上、政治组织上的叠出变化；更曾经多次与强盛的外族或在思想上和平地接触（如印度佛教之传入），或在实际利害关系上发生冲突战斗。

这结构简单，布置平整的中国建筑初形，会如此的泰然，享受几千年繁衍的直系子嗣，自成一个最特殊、最体面的建筑大族，实是一桩极值得研究的现象。

虽然，因为后代的中国建筑，即达到结构和艺术上极复杂精美的程度，外表上却仍呈现出一种单纯简朴的气象，一般人常误会中国建筑根本简陋无甚发展，较诸别系建筑低劣幼稚。

这种错误观念最初自然是起于西人对东方文化的粗忽观察，常作浮躁轻率的结论，以致影响到中国人自己对本国艺术发生极过当的怀疑乃至于鄙薄。好在近来欧美叠出深刻的学者对于东方文化慎重研究，细心体会之后，见解已迥异从前，积渐彻底会悟中国美术之地位及其价值。但研究中国艺术尤其是对于建筑，比较是一种新近的趋势。外人论著关于中国建筑的，尚极少好的贡献，许多地方尚待我们建筑家今后急起直追，搜寻材料考据，作有价值的研究探讨，更正外人的许多隔膜和谬解处。

在原则上，一种好建筑必含有以下三要点：实用、坚固、美观。实用者：切合于当时当地人民生活习惯，适合于当地地理环境。坚固者：不违背其主要材料之合理的结构原则，在寻常环境之下，含有相当永久性的。美观者：具有合理的权衡（不是上重下轻巍然欲倾，上大下小势不能支，或孤耸高峙或细长突出等等违背自然律的状态），要呈现稳重、舒适、自然的外表，更要诚实地呈露全部及部分的功用；不事掩饰，不矫揉造作、勉强堆砌。美观，也可以说，即是综合实用、坚稳，两点之自然结果。

一，中国建筑，不容疑义的，曾经包含过以上三种要素。所谓曾经者，是因为在实用和坚固方面，因时代之变迁已有疑问。近代中国与欧西文化接触日深，生活习惯已完全与旧时不同，旧有建筑当然有许多跟着不适用了。在坚稳方面，因科学发达结果，关于非永久的木料，已有更满意的代替，对于构造亦有更经济精审的方法。以往建筑因人类生活状态时刻推移，致实用方面发生问题以后，仍然保留着它的纯粹美术的价值，是个不可否认的事实。和埃及的金字塔，希腊的巴瑟农庙（Parthenon）一样，北京的坛、庙、宫、殿，是会永远继续着享受荣誉的，虽然它们本来实际的功用已经完全失掉。纯粹美术价值，虽然可以脱离实用方面而存在，它却绝对不能脱离坚稳合理的结构原则而独立的。因为美的权衡比例，美观上的多少特征，全是人的理智技巧，在物理的限制之下，合理地解决了结构上所发生的种种问题的自然结果。

二，人工创造和天然趋势调和至某程度，便是美术的基本，设施雕饰于必需的结构部分，是锦上添花；勉强结构纯为装饰部分，是画蛇添足，足为美术之玷。

中国建筑的美观方面，现时可以说，已被一般人无条件地承认了。但是这建筑的优点，绝不是在那浅显的色彩和雕饰，或特殊之式样上面，却是深藏在那基本的，产生这美观的结构原则里，及中国人的绝对了解控制雕饰的原理上。我们如果要赞扬我们本国光荣的建筑艺术，则应该就他的结构原则，和基本技艺设施方面稍事探讨；不宜只是一味地，不负责任，用极抽象，或肤浅的诗意美谀，披挂在任何外表形式上，学那英国绅士骆斯肯（Ruskin）对高矗式（Gothic）建筑，起劲地唱些高调。

建筑艺术是个在极酷刻的物理限制之下，老实的创作。人类由使两根直柱架一根横楣，而能稳立在地平上起，至建成重楼层塔一类作品，其间辛苦艰难的展进，一部分是工程科学的进境，一部分是美术思想的活动和增富。这两方面是在建筑进步的一个总题之下，同行并进的。虽然美术思想这边，常常背叛他们共同的目标——创造好建筑——脱逾常轨，尽它弄巧的能事，引诱工程方面牺牲结构上诚实原则，来将就外表取巧的地方。在这种情形之下时，建筑本身常被连累，损伤了真的价值。在中国各代建筑之中，也有许多这样证例，所以在中国一系列建筑之中的精品，也是极罕有难得的。

大凡一派美术都分有创造、试验、成熟、抄袭、繁衍、堕落诸期，建筑也是一样。初期作品创造力特强，含有试验性。至试验成功，成绩满意，达尽善尽美程度，则进到完全成熟期。成熟之后，必有相当时期因承相袭，不敢，也不能，逾越已有的则例；这期间常常是发生订定则例章程的时候。再来便是在琐节上增繁加富，以避免单调，冀求变换，这便是美术活动越出目标时。这时期始而繁衍，继则堕落，失掉原始骨干精神，变成无意义的形式。堕落之后，继起的新样便是第二潮流的革命元勋。

第二潮流有鉴于已往作品的优劣，再研究探讨第一代的精华所在，便是考据学问之所以产生。

中国建筑的经过，用我们现有的，极有限的材料作参考，已经可以略略看出各时期的起落兴衰。我们现在也已走到应作考察研究的时代了。在这有限的各朝代建筑遗物里，很可以观察，探讨其结构和式样的特征，来标证那时代建筑的精神和技艺，是兴废还是优劣。但此节非等将中国建筑基本原则分析以后，是不能有所讨论的。

在分析结构之前，先要明了的是主要建筑材料，因为材料要根本影响其结构法的。中国主要建筑材料为木，次加砖石瓦之混用。外表上一座中国式建筑物，可明显地分作三大部：台基部分、柱梁部分、屋顶部分。台基是砖石混用。由柱脚至梁上结构部分，直接承托屋顶者则全是木造。屋顶除少数用茅茨、竹片、泥砖之外自然全是用瓦。而这三部分——台基、柱梁、屋顶——可以说是我们建筑最初胎形的基本要素。

《易经》里“上古穴居而野处，后世圣人易之以宫室，上栋。下宇。以待风雨”。还有《史记》里：“尧之有天下也，堂高三尺……”可见这“栋”“宇”

及“堂”(基)在最古建筑里便占定了它们的部位势力。自然最经过繁重发达的是“栋”——那木造的全部，所以我们也要特别注意。

木造结构，我们所用的原则是“架构制”(Framing System)。在四根垂直柱的上端，用两横梁两横枋周围牵制成一“间架”(梁与枋根本为同样材料，梁较枋可略壮大。在“间”之左右称柁或梁，在“间”之前后称枋)。再在两梁之上筑起层叠的梁架以支横桁，桁通一“间”之左右两端，从梁架顶上“脊瓜柱”上次第降下至前枋上为止。桁上钉椽，并排栉篦，以承瓦板，这是“架构制”骨干的最简单的说法。总之“架构制”之最负责要素是：(一)那几根支重的垂直立柱；(二)使这些立柱，互相发生联络关系的梁与枋；(三)横梁以上的构造：梁架，横桁，木缘，及其他附属木造，完全用以支承屋顶的部分。

“间”在平面上是一个建筑的最低单位。普通建筑全是多间的且为单数。有“中间”或“明间”“次间”“梢间”“套间”等称。

中国“架构制”与别种制度(如高矗式之“砌拱制”，或西欧最普通之古典派“垒石”建筑)之最大分别：(一）在支重部分之完全倚赖立柱，使墙的部分不负结构上重责，只同门窗隔屏等，尽相似的义务——间隔房间，分划内外而已。(二）立柱始终保守木质，不似古希腊之迅速代之以垒石柱，且增加负重墙（Bearing Wall），致脱离“架构”而成“垒石”制。

这架构制的特征，影响至其外表式样的，有以下最明显的几点：(一）高度无形的受限制，绝不出木材可能的范围。(二）即极庄严的建筑，也是呈现

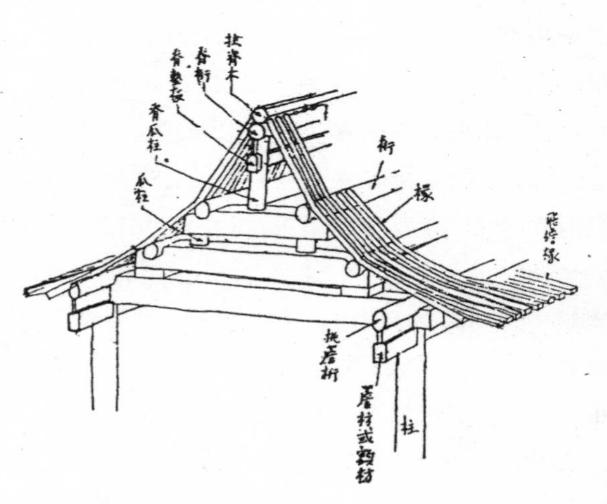

图一

绝对玲珑的外表。结构上既绝不需要坚厚的负重墙，除非故意为表现雄伟的时候，酌量增用外（如城楼等建筑），任何大建，均不需墙壁堵塞部分。（三）门窗部分可以不受限制；柱与柱之间可以完全安装透光线的细木作——门屏窗牖之类。实际方面，即在玻璃未发明以前，室内已有极充分光线。北方因气候关系，墙多于窗，南方则反是，可伸缩自如。

这不过是这结构的基本方面，自然的特征。还有许多完全是经过特别的美术活动，而成功的超等特色，使中国建筑占极高的美术位置的，而同时也是中国建筑之精神所在。这些特色最主要的便是屋顶、台基、斗拱、色彩和均称的平面布置。

屋顶本是建筑上最实际必需的部分，中国则自古，不殚烦难的，使之尽善尽美，使切合于实际需求之外，又特具一种美术风格。屋顶最初即不止为屋之顶，因雨水和日光的切要实题，早就扩张出檐的部分。使檐突出并非难事，但是檐深则低，低则阻碍光线，且雨水顺势急流，檐下溅水问题因之发生，为解决这个问题，我们发明飞檐，用双层瓦椽，使檐沿稍翻上去，微成曲线。又因美观关系，使屋角之檐加甚其仰翻曲度。这种前边成曲线，四角翘起的“飞檐”，在结构上有极自然又合理的布置，几乎可以说它便是结构法所促成的。

如何是结构法所促成的呢？简单说：例如“庑殿”式的屋瓦，共有四坡五脊。正脊寻常称房脊，它的骨架是脊桁。那四根斜脊，称“垂脊”，它们的骨架是从脊桁斜角，下伸至檐桁上的部分，称由戗及角梁。桁上所钉并排的椽子虽像全是平行的，但因偏左右的几根又要同这“角梁平行”，所以椽的部位，乃由真平行而渐斜，像裙裾的开展。

角梁是方的，椽为圆径（有双层时上层便是方的，角梁双层时则仍全是方的）。角梁的木材大小几乎倍于椽子，到椽与角梁并排时，两个的高下不同，以致不能在它们上面铺钉平板，故此必需将椽依次

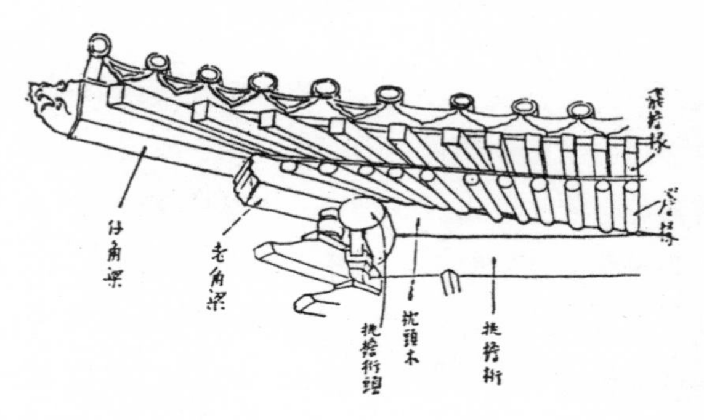

图二

地抬高，令其上皮同角梁上皮平。在抬高的几根椽子底下填补一片三角形木板称“枕头木”，如图二。

这个曲线在结构上几乎不可信的简单和自然，而同时在美观方面不知增加多少神韵。飞檐的美，绝用不着考据家来指点的。不过注意那过当和极端的倾向常将本来自然合理的结构变成取巧和复杂。这过当的倾向，外表上自然也呈出脆弱、虚张的弱点，不为审美者所取，但一般人常以为愈巧愈繁必是愈美，无形中多鼓励这种倾向。南方手艺灵活的地方，过甚的飞檐便是这种证例。外观上虽是浪漫的姿态，容易引诱赞美，但到底不及北方的庄重恰当，合于审美的最真纯条件。

屋顶曲线不止限于挑檐，即瓦坡的全部也不是一片直坡倾斜下来。屋顶坡的斜度是越往上越增加，如图三。

这斜度之由来是依着梁架叠层的加高，这制度称作“举架法”。这举架的原则极其明显，举架的定例也极简单，只是叠次将梁架上瓜柱增高，尤其是要脊瓜柱特别高。

使檐沿作仰翻曲度的方法，在增加第二层檐椽。这层椽甚短，只驮在头檐椽上面，再出挑一节。这

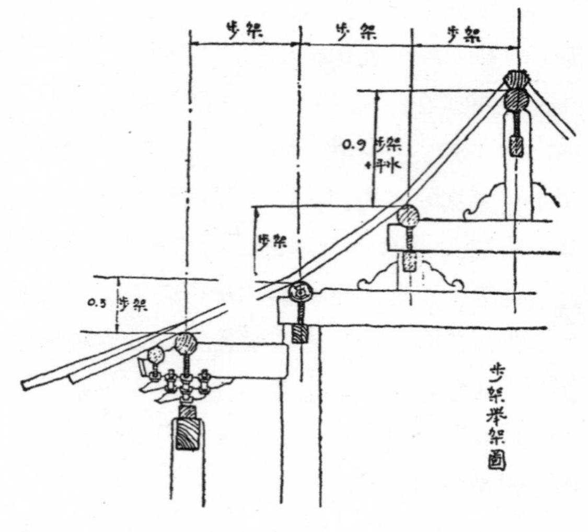

图三

样，则檐的出挑虽加远，而不低下阻蔽光线。

总的说起来，历来被视为极特异神秘之屋顶曲线，并没有什么超出结构原则，和不自然造作之处，同时在美观实用方面均是非常的成功。这屋顶坡的全部曲线，上部巍然高举，檐部如翼轻展，使本来极无趣，极笨拙的屋顶部，一跃而成为整个建筑的美丽冠冕。

在《周礼》里发现有“上欲尊而宇欲卑；上尊

而宇卑，则吐水疾而霤远”之句。这句可谓明晰地写出实际方面之功效。

既讲到屋顶，我们当然还要注意到屋瓦上的种种装饰物。上面已说过，雕饰必是设施于结构部分才有价值，那么我们屋瓦上的脊瓦吻兽又是如何？

脊瓦可以说是两坡相联处的脊缝上一种镶边的办法，当然也有过当复杂的，但是诚实地来装饰一个结构部分，而不肯勉强地来掩饰一个结构枢纽或关节，是中国建筑最长之处。

瓦上的脊吻和走兽，无疑的，本来也是结构上的部分。现时的龙头形“正吻”古称“鸱尾”，最初必是总管“扶脊木”和脊桁等部分的一块木质关键。这木质关键突出脊上，略作鸟形，后来略加点缀竟然刻成鸱鸟之尾，也是很自然的变化。其所以为鸱尾者还带有一点象征意义，因有传说鸱鸟能吐水，拿它放在瓦脊上可制火灾。

走兽最初必为一种大木钉，通过垂脊之瓦，至“由戗”及“角梁”上，以防止斜脊上面瓦片的溜下，唐时已变成两座“宝珠”，在今之“戗兽”及“仙人”地位上。后代鸱尾变成“龙吻”，宝珠变成“戗兽”及“仙人”，尚加增“戗兽”“仙人”之间一列“走兽”，也不过是雕饰上变化而已。

并且垂脊上戗兽较大，结束“由戗”一段，底下一列走兽装饰在角梁上面，显露基本结构上的节段，亦甚自然合理。

南方屋瓦上多加增极复杂的花样，完全脱离结构上任务纯粹的显示技巧，甚属无聊，不足称扬。

外国人因为中国人屋顶之特殊形式，迥异于欧西各系，早多注意及之。论说纷纷，妙想天开；有说中国屋顶乃根据游牧时代帐幕者，有说象形蔽天之松枝者，有目中国飞檐为怪诞者，有谓中国建筑类儿戏者，有的全由走兽龙头方面，无谓的探讨意义，几乎不值得在此费时反证。总之这种曲线屋顶已经从结构上分析了，又从雕饰设施原则上审察了，而其美观实用方面又显著明晰，不容否认。我们的结论实可以简单地承认它艺术上的大成功。

中国建筑的第二个显著特征，并且与屋顶有密切关系的，便是，“斗拱”部分。最初檐承于椽，椽承于檐桁，桁则架于梁端。此梁端即是由梁架延长，伸出柱的外边。但高大的建筑物出檐既深，单指梁端支持，势必不胜，结果必产生重叠的木“翘”支于梁端之下。但单借木翘不够担全檐沿的重量，尤

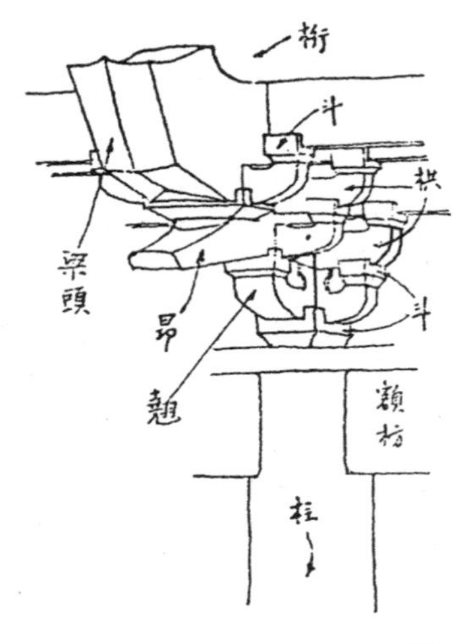

图四

其是建筑物愈大，两柱间之距离也愈远，所以又生左右岔出的横“拱”来接受檐桁。这前后的木翘，左右的横拱，结合而成“斗拱”全部（在拱或翘昂的两端和相交处，介于上下两层或翘之间的斗形木块称“斗”）。“昂”最初为又一种之翘，后部斜伸出斗拱后用以支“金桁”。

斗拱是柱与屋顶间的过渡部分。使支出的房檐的重量渐次集中下来直到柱的上面。斗拱的演化，每是技巧上的进步，但是后代斗拱（约略从宋元以后），便变化到非常复杂，在结构上已有过当的部分，部位上也有改变。本来斗拱只限于柱的上面（今称柱头斗），后来为外观关系，又增加一攒所谓“平身科”者，在柱与柱之间。明清建筑上平身科加增到六七攒，排成一列，完全成为装饰品，失去本来功用。“昂”之后部功用亦废除，只余前部形式而已。

不过当复杂的斗拱，的确是柱与檐之间最恰当的关节，集中横展的屋檐重量，到垂直的立柱上面，同时变成檐下一种点缀，可作结构本身变成装饰部分的最好条例。可惜后代的建筑多减轻斗拱的结构上重要，使之几乎纯为奢侈的装饰品，令中国建筑失却一个优越的中坚要素。

斗拱的演进式样和结构限于篇幅，不能再仔细述说，只能就它的极基本原则上在此指出它的重要及优点。

斗拱以下的最重要部分，自然是柱，及柱与柱之间的细巧的木作。魁伟的圆柱和细致的木刻门窗对照，又是一种艺术上满意之点。不止如此，因为木料不能经久的原始缘故，中国建筑又发生了色彩的特征。涂漆在木料的结构上为的是：（一）保存木质抵制风日雨水，（二）可牢结各处接合关节，（三）加增色彩的特征。这又是兼收美观实际上的好处，不能单以色彩作奇特繁华之表现。彩绘的设施在中国建筑上，非常之慎重，部位多限于檐下结构部分，在阴影掩映之中。主要彩色亦为“冷色”如青蓝碧绿，有时略加金点。其他檐以下的大部分颜色则纯为赤红，与檐下彩绘正成反照。中国人的操纵色彩可谓轻重得当。设使滥用彩色于建筑全部，使上下耀目辉煌，必成野蛮现象，失掉所有庄严和调谐。别系建筑颇有犯此忌者，更可见中国人有超等美术见解。

至彩色琉璃瓦产生之后，连黯淡无光的青瓦，都成为片片堂皇的黄金碧玉，这又是中国建筑的大光荣，不过滥用杂色瓦，也是一种危险，幸免这种引诱，也是我们可骄傲之处。

还有一个最基本结构部分——台基——虽然没有特别可议论称扬之处，不过在全个建筑上看来，有如许壮伟巍峨的屋顶如果没有特别舒展或多层的基座托衬，必显出上重下轻之势，所以既有那特种的屋顶，则必需有这相当的基座。架构建筑本身轻于垒砌建筑，中国又少有多层楼阁，基础结构颇为简陋。大建筑的基座加有相当的石刻花纹，这种花纹的分配似乎是根据原始木质台基而成，积渐施之于石。与台基连带的有石栏、石阶、辇道的附属部分，都是各有各的功用而同时又都是极美的点缀品。

最后的一点关于中国建筑特征的，自然是它的特种的平面布置。平面布置上最特殊处是绝对本着均衡相称的原则，左右均分的对峙。这种分配倒并不是由于结构，主要原因是起于原始的宗教思想和形式，社会组织制度，人民俗习，后来又因喜欢守旧仿古，多承袭传统的惯例。结果均衡相称的原则变成中国特有一个固执嗜好。

例外于均衡布置建筑，也有许多。因庄严沉闷的布置，致激起故意浪漫的变化；此类若园庭、别墅、宫苑楼阁者是，平面上极其曲折变幻，与对称的布置正相反其性质。中国建筑有此两种极端相反布置，这两种庄严和浪漫平面之间，也颇有混合变化的实例，供给许多有趣的研究，可以打消西人浮躁的结论，谓中国建筑布置上是完全的单调而且缺乏趣味。但是画廊亭阁的曲折纤巧，也得有相当的限制。过于勉强取巧的人工虽可令寻常人惊叹观止，却是审美者所最鄙薄的。

在这里我们要提出中国建筑上的几个弱点。（一）中国的匠师对木料，尤其是梁，往往用得太费。他们显然不明了横梁载重的力量只与梁高成正比例，而与梁宽的关系较小。所以梁的宽度，由近代的工程眼光看来，往往嫌其太过。同时匠师对于梁的尺寸，因没有计算木力的方法，不得不尽量地放大，用极大的Factor of Safety，以保安全。结果是材料的大靡费。（二）他们虽知道三角形是惟一不变动的几何形，但对于这原则极少应用。所以中国的屋架，经过不十分长久的岁月，便有倾斜的危险。我们在北平街上，到处可以看见这种倾斜而用砖墙或木柱支撑的房子。不惟如此，这三角形原则之不应用，也是屋梁费料的一个大原因，因为若能应用此原则，梁就可用较小的木料。（三）地基太浅是中国建筑的大病。普通则例规定是台明高之一半，下面再垫上几点灰土。这种做法很不彻底，尤其是在北方，地基若不刨到结冰线（Frost Line）以下，建筑物的坚实方面，因地的冻冰，一定要发生问题。好在这几个缺点，在新建筑师的手里，并不成难题。我们只怕不了解，了解之后，要去避免或纠正是很容易的。

结构上细部枢纽，在西洋诸系中，时常成为被憎恶部分。建筑家不惜费尽心思来掩蔽它们。大者如屋顶用女儿墙来遮掩，如梁架内部结构，全部藏入顶篷之内；小者如钉，如合叶，莫不全是要掩藏的细部。独有中国建筑敢袒露所有结构部分，毫无畏缩遮掩的习惯，大者如梁，如椽，如梁头，如屋脊，小者如钉，如合叶，如箍头，莫不全数呈露外部，或略加雕饰，或布置成纹，使转成一种点缀。几乎全部结构各成美术上的贡献。这个特征在历史上，除西方高矗式建筑外，惟有中国建筑有此优点。

现在我们方在起始研究，将来若能将中国建筑的源流变化悉数考察无遗，那时优劣诸点，极明了地陈列出来，当更可以慎重讨论，作将来中国建筑趋途的指导。省得一般建筑家，不是完全遗弃这已往的制度，则是追随西人之后，盲目抄袭中国宫殿，作无意义的尝试。

关于中国建筑之将来，更有特别可注意的一点：我们架构制的原则适巧和现代“洋灰铁筋架”或“钢架”建筑同一道理；以立柱横梁牵制成架为基本。现代欧洲建筑为现代生活所驱，已断然取革命态度，尽量利用近代科学材料，另具方法形式，而迎合近代生活之需求。若工厂、学校、医院，及其他公共建筑等为需要日光便利，已不能仿取古典派之垒砌制，致多墙壁而少窗牖。中国架构制既与现代方法恰巧同一原则，将来只需变更建筑材料，主要结构部分则均可不有过激变动，而同时因材料之可能，更作新的发展，必有极满意的新建筑产生。

（初刊于《中国营造学社汇刊》第三卷第一期，一九三二年三月，署名林徽音）

闲谈关于古代建筑的一点消息

（附梁思成君通信四则）

在这整个民族和他的文化，均在挣扎着他们垂危的运命的时候，凭你有多少关于古代艺术的消息，你只感到说不出口的难受！艺术是未曾脱离过一个活泼的民族而存在的；一个民族衰败湮没，他们的艺术也就跟着消沉僵死。知道一个民族在过去的时代里，曾有过丰富的成绩，并不保证他们现在仍然在活跃繁荣的。

但是反过来说，如果我们到了连祖宗传留下的家产都没有能力清理，或保护；乃至于让家里的至宝毁坏散失，或竟拿到旧货摊上变卖；这现象却又恰恰证明我们这做子孙的没有出息，智力德行已经都到了不能再堕落的田地。睁着眼睛向旧有的文艺喝一声："去你的，咱们维新了，革命了，用不着再留丝毫旧有的任何智识或技艺了。"这话不但不通，简直是近乎无赖！

话是不能说到太远，题目里已明显地提过有关于古建筑的消息在这里，不幸我们的国家多故，天天都是迫切的危难临头，骤听到艺术方面的消息似乎觉到有点不识时宜，但是，相信我——上边已说了许多——这也是我们当然会关心的一点事，如果我们这民族还没有堕落到不认得祖传宝贝的田地。

这消息简单地说来，就是新近有几个死心眼的建筑师，放弃了他们盖洋房的好机会，卷了铺盖到各处测绘几百年前他们同行中的先进，用他们当时的一切聪明技艺，所盖惊人的伟大建筑物，在我投稿时候正在山西应县辽代的八角五层木塔前边。

山西应县的辽代木塔，说来容易，听来似乎也平淡无奇，值不得心多跳一下，眼睛睁大一分。但是西历一〇五六到现在，算起来是整整的八百七十七年。古代完全木构的建筑物高到二百八十五尺，在中国也就剩这一座独一无二的应县佛宫寺塔了。比这塔更早的木构已经专家看到，加以认识和研究的，在国内的只不过五处*而已。

中国建筑的演变史在今日还是个灯谜，将来如果有一天，我们有相当的把握写部建筑史时，那部

* 蓟县独乐寺观音阁及山门，辽统和二年（九八四）。大同下华严寺薄伽教藏，辽重熙七年（一〇三八）。宝坻广济寺三大士殿，辽太平五年（一〇二五）。义县奉国寺大雄宝殿，辽开泰九年（一〇二〇）。

建筑史也就可以像一部最有趣味的侦探小说，其中主要的人物给侦探以相当方便和线索的，左不是那几座现存的最古遗物。现在唐代木构在国内还没找到一个，而宋代所刊《营造法式》又还有困难不能完全解释的地方，这距唐不久，离宋全盛时代还早的辽代，居然遗留给我们一些顶呱呱的木塔、高阁、佛殿、经藏，帮我们抓住前后许多重要的关键，这在几个研究建筑的死心眼人看来，已是了不起的事了。

我最初对于这应县木塔似乎并没有太多的热心，原因是思成自从知道了有这塔起，对于这塔的关心，几乎超过他自己的日常生活。早晨洗脸的时候，他会说“上应县去不应该是太难吧”。吃饭的时候，他会说“山西都修有顶好的汽车路了”。走路的时候，他会忽然间笑着说，“如果我能够去测绘那应州塔，我想，我一定……”他话常常没有说完，也许因为太严重的事怕语言亵渎了，最难受的一点是他根本还没有看见过这塔的样子，连一张模糊的相片，或翻印都没有见到！

有一天早上，在我们少数信件之中，我发现有一个纸包，寄件人的住址却是山西应县 ×× 斋照相馆！——这才是侦探小说有趣的一页——原来他想了这么一个方法写封信“探投山西应县最高等照相馆”，弄到一张应州木塔的相片。我只得笑着说阿弥陀佛，他所倾心的幸而不是电影明星！这照相馆的索价也很新鲜，他们要一点北平的信纸和信笺作酬金，据说因为应县没有南纸店。

时间过去了三年，让我们来夸他一句“有志者事竟成”吧，这位思成先生居然在应县木塔前边——何止，竟是上边、下边、里边、外边——绕着测绘他素仰的木塔了。

通讯一

……大同工作已完，除了华严寺外都颇详尽，今天是到大同以来最疲倦的一天，然而也就是最近于首途应县的一天了，十分高兴。明晨七时由此搭公共汽车赴岱，由彼换轿车“起早”，到即电告。你走后我们大感工作不灵，大家都用愉快的意思回忆和你各处同作的畅顺，悔惜你走得太早。我也因为想到我们和应塔特殊的关系，悔不把你硬留下同去瞻仰。家里放下许久实在不放心，事情是绝对没有办法，可恨。应县工作约四五日可完，然后再赴 × 县……

通讯二

昨晨七时由同乘汽车出发，车还新，路也平坦，有时竟走到每小时五十哩的速度，十时许到岱岳。岱岳是山阴县一个重镇，可是雇车费了两个钟头才找到，到应县时已八点。

离县二十里已见塔，由夕阳返照中见其闪烁，一直看到它成了剪影，那算是我对于这塔的拜见礼。在路上因车摆动太甚，稍稍觉晕，到后即愈。县长养有好马，回程当借匹骑走，可免受晕车苦罪。

今天正式的去拜见佛宫寺塔，绝对的Overwhelming，好到令人叫绝，喘不出一口气来半天！

塔共有五层，但是下层有副阶（注：重檐建筑之次要一层，宋式谓之副阶），上四层，每层有平坐，实算共十层。因梁架斗拱之不同，每层须量俯视、仰视、平面各一；共二十个平面图要画！塔平面是八角，每层须做一个正中线和一个斜中线的断面。斗拱不同者三四十种，工作是意外的繁多，意外的有趣，未来前的"五天"工作预算恐怕不够太多。

塔身之大，实在惊人，每面三开间，八面完全同样。我的第一个感触，便是可惜你不在此，同我享此眼福，不然我真不知你要几体投地的倾倒！回想在大同善化寺暮色里同向着塑像瞪目咋舌的情形，使我愉快得不愿忘记那一刹那人生稀有的由审美本能所触发的锐感。尤其是同几个兴趣同样的人在同一个时候浸在那锐感里边。士能忘情时那句“如果元明以后有此精品我的刘字倒挂起来了”，我时常还听得见。这塔比起大同诸殿更加雄伟，单是那高度已可观，士能很高兴他竟听我们的劝说没有放弃这一处，同来看看，虽然他要不待测量先走了。

应县是一个小小的城，是一个产盐区，在地下掘下不深就有咸水，可以煮盐，所以是个没有树的地方，在塔上看全城，只数到十四棵不很高的树！

工作繁重，归期怕要延长很多，但一切吃住都还舒适，住处离塔亦不远，请你放心。……

通讯三

士能已回，我同莫君*留此详细工作，离家已将一月却似更久。想北平正是秋高气爽的时候。非常想家！

相片已照完，十层平面全量了，并且非常精细，

---

* 莫君，指莫宗江。

将来誊画正图时可以省事许多。明天起，量斗拱和断面，又该飞檐走壁了。我的腿已有过厄运，所以可以不怕。现在做熟了，希望一天可做两层，最后用仪器测各檐高度和塔刹，三四天或可竣工。

这塔真是个独一无二的伟大作品，不见此塔，不知木构的可能性，到了什么程度。我佩服极了，佩服建造这塔的时代，和那时代里不知名的大建筑师，不知名的匠人。

这塔的现状尚不坏，虽略有朽裂处。八百七十余年的风雨它不动声色地承受。并且它还领教过现代文明：民十六七年间冯玉祥攻山西时，这塔曾吃了不少的炮弹，痕迹依然存在，这实在叫我脸红。第二层有一根泥道拱竟为打去一节，第四层内部阑额内尚嵌着一弹，未经取出，而最下层西面两檐柱都有碗口大小的孔，正穿通柱身，可谓无独有偶。此外枪孔无数，幸而尚未打倒，也算是这塔的福气。现在应县人士有捐钱重修之议，将来回平后将不免为他们奔走一番，不用说动工时还须再来应县一次。

× 县至今无音信，虽然前天已发电去询问，若两三天内回信来，与大同诸寺略同则不去，若有唐代特征如人字拱（！）鸱尾等等，则一步一磕头也要去的！……

通讯四

……这两天工作颇顺利，塔第五层（即顶层）的横断面已做了一半，明天可以做完。断面做完之后，将有顶上之行，实测塔顶相轮之高；然后楼梯、栏杆、格扇的详样；然后用仪器测全高及方向；然后抄碑；然后检查损坏处，以备将来修理。我对这座伟大建筑物目前的任务，便暂时告一段落了。

今天工作将完时，忽然来了一阵“不测的风云”。在天晴日美的下午五时前后狂风暴雨，雷电交作。我们正在最上层梁架上，不由得不感到自身的危险，不单是在二百八十多尺高将近千年的木架上，而且紧在塔顶铁质相轮之下，电母风伯不见得会讲特别交情。我们急着爬下，则见实测纪录册子已被吹开，有一页已飞到栏杆上了。若再迟半秒钟，则十天的功作有全部损失的危险，我们追回那一页后，急步下楼——约五分钟——到了楼下，却已有一线骄阳，由蓝天云隙里射出，风雨雷电已全签了停战协定了。我抬头看塔仍然存在，庆祝它又避过了一次雷打的危险，在急流成渠的街道（？）上，回到住处去。

我在此每天除爬塔外，还到 ×× 斋看了托我买信笺的那位先生。他因生意萧条，现在只修理钟表而不照相了。……

这一段小小的新闻，抄用原来的通讯，似乎比较可以增加读者的兴趣，又可以保存朝拜这古塔的人的工作时印象和经过，又可以省却写这段消息的人说出旁枝的话。虽然在通讯里没讨论到结构上的专门方面，但是在那一部侦探小说里也自成一章，至少那 ×× 斋照相馆的事例颇有始有终，思成和这塔的姻缘也可算圆满。

关于这塔，我只有一桩事要加附注。在佛宫寺的全部平面布置上，这塔恰恰在全寺的中心，前有山门、钟楼、鼓楼东西两配殿，后面有桥通平台，台上还有东西两配殿和大配。这是个极有趣的布置，至少我们疑心古代的伽蓝有许多是如此把高塔放在当中的。

（初刊于天津《大公报》“文艺副刊”第五期，一九三三年十月七日。署名林徽因。原标题后有“（一）”）

中国建筑之特征与演进

——《清式营造则例》绪论

一

中国建筑为东方独立系统，数千年来，继承演变，流布极广大的区域。虽然在思想及生活上，中国曾多次受外来异族的影响，发生多少变异，而中国建筑直至成熟繁衍的后代，竟仍然保存着它固有的结构方法及布置规模；始终没有失掉它原始面目，形成一个极特殊、极长寿、极体面的建筑系统。故这系统建筑的特征，足以加以注意的，显然不单是其特殊的形式，而是产生这特殊形式的基本结构方法，和这结构法在这数千年中单纯顺序的演进。

所谓原始面目，即是我国所有建筑，由民舍以至宫殿，均由若干单个独立的建筑物集合而成；而这单个建筑物，由最古代简陋的胎形，到最近代穷奢极巧的殿宇，均始终保留着三个基本要素：台基部分，柱梁或木造部分，及屋顶部分。在外形上，三者之中，最庄严美丽，迥然殊异于他系建筑，为中国建筑博得最大荣誉的，自是屋顶部分。但在技艺上，经过最艰巨的努力，最繁复的演变，登峰造极，在科学美学两层条件下最成功的，却是支承那屋顶的柱梁部分，也就是那全部木造的骨架。这全部木造的结构法，也便是研究中国建筑的关键所在。

中国木造结构方法，最主要的就在构架之应用。北方有句通行的谚语，“墙倒房不塌”，正是这结构原则的一种表征。其用法则在构屋程序中，先用木材构成架子作为骨干，然后加上墙壁，如皮肉之附在骨上，负重部分全赖木架，毫不借重墙壁（所有门窗装修部分绝不受限制，可尽量充满木架下空隙，墙壁部分则可无限制地减少）；这种结构法与欧洲古典派建筑的结构法，在演变的程序上，互异其倾向。中国木构正统一贯享了三千多年的寿命，仍还健在。希腊古代木构建筑则在纪元前十几世纪，已被石取代，由构架变成垒石，支重部分完全倚赖“荷重墙”（墙既荷重，墙上开辟门窗处，因能减损荷重力量，遂受极大限制；门窗与墙在同建筑中乃成冲突原素）。在欧洲各派建筑中，除去最现代始盛行的钢架法，及钢筋水泥构架法外，惟有哥特式建筑，曾经用过构架原理；但哥特式仍是垒石发券作为构架，规模与单纯木架甚是不同。哥特式中又有所谓“半木构法”则与中国构架极相类似。惟因有垒石制影响之同时存在，此种半木构法之应用，始终未能如中国构架之彻底纯净。

屋顶的特殊轮廓为中国建筑外形上显著的特征，屋檐支出的深远则又为其特点之一。为求这檐部的支出，用多层曲木承托，便在中国构架中发生了一个重要的斗拱部分；这斗拱本身的进展，且代表了中国各时代建筑演变的大部分历程。斗拱不惟是中国建筑独有的一个部分，而且在后来还成为中国建筑独有的一种制度。就我们所知，至迟自宋始，斗拱就有了一定的大小权衡；以斗拱之一部为全部建筑物权衡的基本单位，如宋式之“材”“契”与清式之“斗口”。这制度与欧洲文艺复兴以后以希腊罗马旧物作则所制定的法式，以柱径之倍数或分数定建筑物各部一定的权衡极相类似。所以这用斗拱的构架，实是中国建筑真髓所在。

斗拱后来虽然变成构架中极复杂之一部，原始却甚简单，它的历史竟可以说与华夏文化同长。秦汉以前，在实物上，我们现在还没有发现有把握的材料，供我们研究，但在文献里，关于描写构架及斗拱的词句，则多不胜载；如臧文仲之“山节藻棁”，鲁灵光殿赋“层栌磥垝以岌峨，曲枅要绍而环句”等。但单靠文人的词句，没有实物的印证，由现代研究工作的眼光看去极感到不完满。没有实物我们是永没有法子真正认识，或证实，如“山节”“层栌”“曲枅”这些部分之为何物，但猜疑它们为木构上斗拱部分，则大概不会太谬误的。现在我们只能希望在最近的将来考古家实地挖掘工作里能有所发现，可以帮助我们更确实地了解。

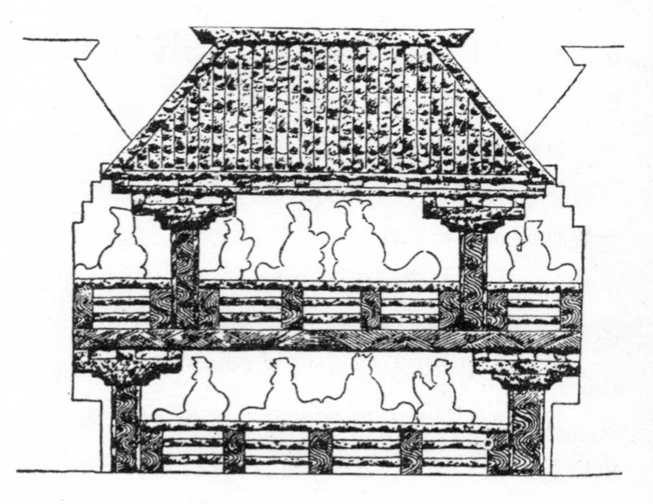

图一　汉代画像中之建筑

实物真正之有“建筑的”价值者，现在只能上达东汉。墓壁的浮雕画像中（见图一）往往有建筑的图形；山东、四川、河南多处的墓阙（见图二），虽非真正的官室，但是用石料摹仿木造的实物（早代木造建筑，因限于木料之不永久性，不能完整地存在到今日，所以供给我们研究的古代实物，多半是用石料明显地摹仿木造的建筑物。且此例不单限于中国古代建筑）。在这两种不同的石刻之中，构架上许多重要的基本部分，如柱、梁、额、屋顶、瓦饰等等，多已表现；斗拱更是显著，与两千年后的，在制度、权衡、大小上，虽有不同，但其基本的观念和形体，却是始终一贯的。

在云冈、龙门、天龙山诸石窟，我们得见六朝遗物。其中天龙山石窟，尤为完善（见图三），石窟口凿成整个门廊、柱、额、斗拱、椽、檐、瓦，样样齐全。这是当时木造建筑忠实的石型，由此我们可以看到当时斗拱之形制，和结构雄大、简单疏朗的特征。

唐代给后人留下的实物最多是砖塔，垒砖之上又雕刻成木造部分，如柱，如阑额、斗拱。唐时木构建筑完整存在到今日，虽属可能，但在国内至今

图二　汉墓石阙

图三　山西天龙山石窟（北齐）

尚未发现过一个，所以我们常依赖唐人画壁里所描画的伽蓝、殿宇，来作各种参考。由西安大雁塔门楣上石刻——一幅惊人的清晰写真的描画——研究斗拱，知已较六朝更进一步（见图四）。在柱头的斗拱上有两层向外伸出的翘，翘头上已有横拱厢拱。敦煌石窟中唐五代的画壁（见图五），用鲜明准确的色与线，表现出当时殿宇楼阁，凡是在建筑的外表上所看得见的结构，都极忠实地表现出来。斗拱虽是难于描画的部分，但在画里却清晰，可以看到规模。当时建筑的成熟实已可观。

图四　西安大雁塔门楣石刻

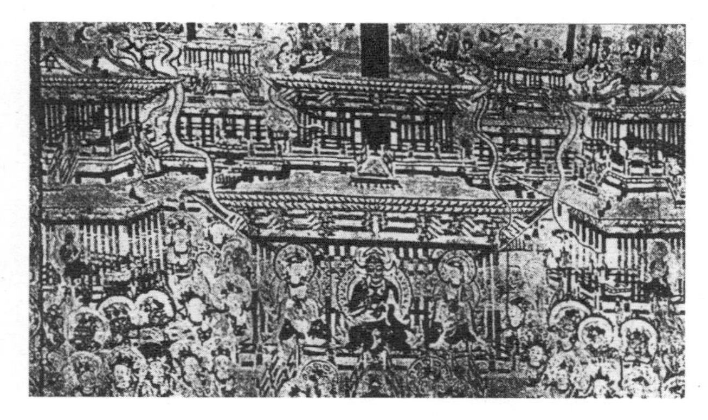

图五　敦煌壁画中之建筑

全个木造实物，国内虽尚未得见唐以前物，但在日本则有多处，尚巍然存在。其中著名的，如奈良法隆寺之金堂、五重塔，和中门，乃飞鸟时代物，适当隋代，而其建造者乃由高丽东渡的匠师。奈良唐招提寺的金堂及讲堂乃唐僧鉴真法师所立，建于天平时代，适为唐肃宗至德二年。这些都是隋唐时代中国建筑在远处得流传者，为现时研究中国建筑演变的极重要材料；尤其是唐招提寺的金堂，斗拱的结构与大雁塔石刻画中的斗拱结构，几完全符合——一方面证明大雁塔刻画之可靠，一方面又可以由这实物一探当时斗拱结构之内部。

宋辽遗物甚多，即限于已经专家认识、摄影，或测绘过的各处来说，最古的已有距唐末仅数十年时的遗物。近来发现又重新刊行问世的李明仲《营造法式》一书，将北宋晚年“官式”建筑，详细地用图样说明，乃是罕中又罕的术书。于是宋代建筑蜕变的程序，步步分明，使我们对这上承汉唐，下启明清的关键，已有十分满意的把握。

元明术书虽然没有存在的，但遗物可征者，现在还有很多，不难加以相当整理。清代于雍正十二年钦定公布《工程做法则例》，凡在北平的一切公私建筑，在京师以外许多的“敕建”建筑，都崇奉则例，不敢稍异。现在北平的故宫及无数庙宇，可供清代营造制度及方法之研究。优劣姑不论，其为我国几千年建筑的嫡嗣，则绝无可疑。不研究中国建筑则已，如果认真研究，则非对清代则例相当熟识不可。在年代上既不太远，术书遗物又最完全，先着手研究清代，是势所必然。有一近代建筑知识作根底，研究古代建筑时，在比较上便不至茫然无所依傍，所以研究清式则例，也是研究中国建筑史者所必须经过的第一步。

二

以现代眼光，重新注意到中国建筑的一般人，虽然尊崇中国建筑特殊外形的美丽，却常忽视其结构上之价值。这忽视的原因，常常由于笼统地对中国建筑存一种不满的成见。这不满的成见中最重要的成分，是觉到中国木造建筑之不能永久。其所以不能永久的主因，究为材料本身或是其构造法的简陋，却未尝深加探讨。中国建筑在平面上是离散的，若干座独立的建筑物，分配在院宇各方，所以虽然最主要雄伟的宫殿，若是以一座单独的结构，与欧洲任何全座负盛名的石造建筑物比较起来，显然小而简单，似有逊色。这个无形中也影响到近人对本国建筑的怀疑或蔑视。

中国建筑既然有上述两特征：以木材作为主要结构材料，在平面上是离散的独立的单座建筑物，严格的，我们便不应以单座建筑作为单位，与欧美全座石造繁重的建筑物作任何比较。但是若以今日西洋建筑学和美学的眼光来观察中国建筑本身之所以如是，和其结构历来所本的原则，及其所取的途径，则这统系建筑的内容，的确是最经得起严酷的分析而无所惭愧的。

我们知道一座完善的建筑，必须具有三个要素：适用、坚固、美观。但是这三个条件都不是有绝对的标准的。因为任何建筑皆不能脱离产生它的时代和环境来讲的；其实建筑本身常常是时代环境的写照。建筑里一定不可避免的，会反映着各时代的智识、技能、思想、制度、习惯，和各地方的地理气候。所以所谓适用者，只是适合于当时当地人民生活习惯气候环境而讲。所谓坚固，更不能脱离材料本质而论；建筑艺术是产生在极酷刻的物理限制之下，天然材料种类很多，不一定都凑巧的被人采用，被选择采用的材料，更不一定就是最坚固，最容易驾驭的。既被选用的材料，人们又常常习惯地继续将就它，到极长久的时间，虽然在另一方面，或者又引用其他材料、方法，在可能范围内来补救前者的不足。所以建筑艺术的进展，大部也就是人们选择、驾驭、征服天然材料的试验经过。所谓建筑的坚固，只是不违背其所用材料之合理的结构原则，运用通常智识技巧，使其在普通环境之下——兵火例外——能有相当永久的寿命的。例如石料本身比木料坚固，然在中国用木的方法竟达极高度的圆满，而用石的方法甚不妥当，且建筑上各种问题常不能独用石料解决，即有用石料处亦常发生弊病，反比木质的部分容易损毁。

至于论建筑上的美，浅而易见的，当然是其轮廓、色彩、材质等，但美的大部分精神所在，却蕴于其权衡中；长与短之比，平面上各大小部分之分配，立体上各体积各部分之轻重均等，所谓增一分则太长，减一分则太短的玄妙。但建筑既是主要解决生活上的各种实际问题，而用材料所结构出来的物体，所以无论美的精神多缥缈难以捉摸，建筑上的美，是不能脱离合理的、有机能的、有作用的结构而独立。能呈现平稳、舒适、自然的外象；能诚实地袒露内部有机的结构，各部的功用，及全部的组织；不事掩饰；不矫揉造作；能自然地发挥其所用材料的本质的特性；只设施雕饰于必需的结构部分，以求更和悦的轮廓，更谐调的色彩；不勉强结构出多余的装饰物来增加华丽；不滥用曲线或色彩来求媚于庸俗；这些便是“建筑美”所包含的各条件。

中国建筑，不容疑义的，曾经具备过以上所说的三个要素：适用、坚固、美观。在木料限制下经营结构“权衡俊美的”“坚固”的各种建筑物，来适应当时当地的种种生活习惯的需求。我们只说其“曾经”具备过这三要素；因为中国现代生活种种与旧日积渐不同。所以旧制建筑的各种分配，随着便渐不适用。尤其是因政治制度，和社会组织忽然改革，迥然与先前不同；一方面许多建筑物完全失掉原来功用——如宫殿、庙宇、官衙、城楼等等；——一方面又需要因新组织而产生的许多公共建筑——如学校、医院、工厂、驿站、图书馆、体育馆、博物馆、商场等等；——在适用一条下，现在既完全地换了新问题，旧的答案之不能适应，自是理之当然。

中国建筑坚固问题，在木料本质的限制之下，实是成功的，下文分析里，更可证明其在技艺上，有过极艰巨的努力，而得到许多圆满，且可骄傲的成绩。如“梁架”，如“斗拱”，如“翼角翘起”种种结构做法及用材。直至最近代科学猛进，坚固标准骤然提高之后，木造建筑之不永久性，才令人感到不满意。但是近代新发明的科学材料，如钢架及钢骨水泥，作木石的更经济更永久的替代，其所应用的结构原则，却正与我们历来木造结构所本的原则符合。所以即使木料本身有遗憾，因木料所产生的中国结构制度的价值则仍然存在，且这制度的设施，将继续地应用在新材料上，效劳于我国将来的新建筑。这一点实在是值得注意的。

已往建筑即使因人类生活状态之更换，至失去原来功用，其历史价值不论，其权衡俊秀或魁伟，结构灵活或诚朴，其纯美术的价值仍显然绝不能讳认的。古埃及的陵殿，希腊的神庙，中世纪的堡垒，文艺复兴中的宫苑，皆是建筑中的至宝，虽然其原始作用已全失去。虽然建筑的美术价值不会因原始作用失去而低减，但是这建筑的“美”却不能脱离适当的、有机的、有作用的结构而独立的。

中国建筑的美就是合于这原则；其轮廓的和谐，权衡的俊秀伟丽，大部分是有机，有用的，结构所直接产生的结果。并非因其有色彩，或因其形式特殊，我们才推崇中国建筑；而是因产生这特殊式样的内部是智慧的组织，诚实的努力。中国木造构架中凡是梁、栋、檩、椽，及其承托、关联的结构部分，全部袒露无遗；或稍经修饰，或略加点缀，大小错杂，功用昭然。

三

虽然中国建筑有如上述的好处，但在这三千年中，各时期差别很大，我们不能笼统地一律看待。大凡一种艺术的始期，都是单简的创造，直率的尝试；规模粗具之后，才节节进步使达完善，那时期的演变常是生气勃勃的。成熟期既达，必有相当时期因承相袭，规定则例，即使对前制有所更改，亦仅限于琐节。单在琐节上用心“过犹不及”的增繁弄巧，久而久之，原始骨干精神必至全然失掉，变成无意义的形式。中国建筑艺术在这一点上也不是例外，其演进和退化的现象极明显的，在各朝代的结构中，可以看得出来。唐以前的，我们没有实物作根据，但以我们所知道的早唐和宋初实物比较，其间显明的进步，使我们相信这时期必仍是生气勃勃，一日千里的时期。结构中含蕴早期的直率及魄力，而在技艺方面又渐精审成熟。以宋代头一百年实物和北宋末年所规定的则例（宋李明仲《营造法式》）比看，它们相差之处，恰恰又证实成熟期到达后，艺术的运命又难免趋向退化。但建筑物的建造不易，且需时日，它的寿命最短亦以数十年、半世纪计算。所以演进退化，也都比较和缓转折。所以由南宋而元而明而清八百余年间，结构上的变化，虽无疑地均趋向退步，但中间尚有起落的波澜，结构上各细部虽多已变成非结构的形式，用材方面虽已渐渐过当的不经济，大部分骨干却仍保留着原始结构的功用，构架的精神尚挺秀健在。

现在且将中国构架中大小结构各部作个简单的分析，再将几个部分的演变略为申述，俾研究清式则例的读者，稍识那些严格规定的大小部分的前身，且知分别何者为功用的，魁伟诚实的骨干，何者为功用部分之堕落，成为纤巧非结构的装饰物。即引用清式则例之时，若需酌量增减变换，亦可因稍知其本来功用而有所凭借，或恢复其结构功用的重要，或矫正其纤细取巧之不适当者，或裁削其不智慧的奢侈的用材。在清制权衡上既知其然，亦可稍知其所以然。

构架　木造构架所用的方法，是在四根立柱的上端，用两横梁两横枋周围牵制成一间。再在两梁之上架起层叠的梁架，以支桁；桁通一间之左右两端，从梁架顶上脊瓜柱上，逐级降落，至前后枋上为止。瓦坡曲线即由此而定。桁上钉椽，排比并列，以承望板：望板以上始铺瓦作，这是构架制骨干最简单的说法。这“间”所以是中国建筑的一个单位；每座建筑物都是由一间或多间合成的。

这构架方法之影响至其外表式样的，有以下最明显的几点。（一）高度受木材长短之限制，绝不出木材可能的范围。假使有高至二层以上的建筑，则每层自成一构架，相叠构成，如希腊、罗马之叠柱式。（二）即极庄严的建筑，也呈现绝对玲珑的外表。结构上无论建筑之大小，绝不需要坚厚的负重墙，除非故意为表现雄伟时，如城楼等建筑，酌量的增厚。（三）门窗大小可以不受限制；柱与柱之间可以全部安装透光线的小木作——门屏窗扇之类，使室内有充分的光线。不似垒石建筑门窗之为负重墙上的洞，门窗之大小与墙之坚弱是成反比例的。（四）层叠的梁架逐层增高，成“举架法”，使屋顶瓦坡自然的、结构的获得一种特别的斜曲线。

斗拱　中国构架中最显著且独有的特征便是屋顶与立柱间过渡的斗拱。椽出为檐，檐承于檐桁上，为求檐伸出深远，故用重叠的曲木——翘——向外支出，以承挑檐桁。为求减少桁与翘相交处的剪力，故在翘头加横的曲木——拱。在拱之两端或拱与翘相交处，用斗形木块——斗——垫托于上下两层拱或翘之间。这多数曲木与斗形木块结合在一起，用以支撑伸出的檐者，谓之斗拱。

这檐下斗拱的职能，是使房檐的重量渐次集中下来直到柱的上面。但斗拱亦不限于檐下，建筑物内部柱头上亦多用之，所以斗拱不分内外，实是横展结构与立柱间最重要的关节。

在中国建筑演变中，斗拱的变化极为显著，竟能大部分地代表各时期建筑技艺的程度及趋向。最早的斗拱实物我们没有木造的，但由仿木造的汉石阙上看，这种斗拱，明显地较后代简单得多；由斗上伸出横，拱之两端承檐桁。不止我们不见向外支出的翘，即和清式最简单的“一斗三升”比较，中间的一升亦未形成（虽有，亦仅为一小斗介于拱之两端）。直至北魏北齐如云冈天龙山石窟前门，始有斗拱像今日的一斗三升之制。唐大雁塔石刻门楣上所画斗拱，给予我们证据，唐时已有前面向外支出的翘（宋称华拱），且是双层，上层托着横拱，然后承桁。关于唐代斗拱形状，我们所知道的，不只限于大雁塔石刻，鉴真所建奈良唐招提寺金堂，其斗拱结构与大雁塔石刻极相似，由此我们也稍知此种斗拱后尾的结束。进化的斗拱中最有机的部分，“昂”，亦由这里初次得见。

国内我们所知道最古的斗拱结构，则是思成前年在河北蓟县所发现的独乐寺的观音阁（见图六），阁为北宋初年（公元九八四年）物，其斗拱结构的雄伟、诚实，一望而知其为有功用有机能的组织。这个斗拱中两昂斜起，向外伸出特长，以支深远的出檐，后尾斜削挑承梁底，如是故这斗拱上有一种应力；以昂为横杆，以大斗为支点，前檐为荷载，

图六　独乐寺观音阁（辽代建筑）

而使昂后尾下金桁上的重量下压维持其均衡。斗拱成为一种有机的结构，可以负担屋顶的荷载。

由建筑物外表之全部看来，独乐寺观音阁与敦煌的五代壁画极相似，连斗拱的构造及分布亦极相同。以此作最古斗拱之实例，向下跟着时代看斗拱演变的步骤，以至清代，我们可以看出一个一定的倾向，因而可以定清式斗拱在结构和美术上的地位。

图七是辽宋元明清斗拱比较图，不必细看，即可见其（一）由大而小；（二）由简而繁；（三）由雄壮而纤巧；（四）由结构的而装饰的；（五）由真结构的而成假刻的部分如昂部；（六）分布由疏朗而繁密。

图中斗拱 a 及 b 都是辽圣宗朝物，可以说是北宋初年的作品。其高度约占柱高之半至五分之二。f 柱与 b 柱同高，斗拱出跺较多一跺，按《工程做法则例》的尺寸，则斗拱高只及柱高之四分之一。而辽清间的其他斗拱如 c，d，e，f，年代逾后，则斗拱与柱高之比逾小。在比例上如此，实际尺寸亦如此。于是后代的斗拱，日趋繁杂纤巧，斗拱的功用，日渐消失；如斗拱原为支檐之用，至清代则将挑檐桁放在梁头上，其支出远度无所赖于层层支出的曲

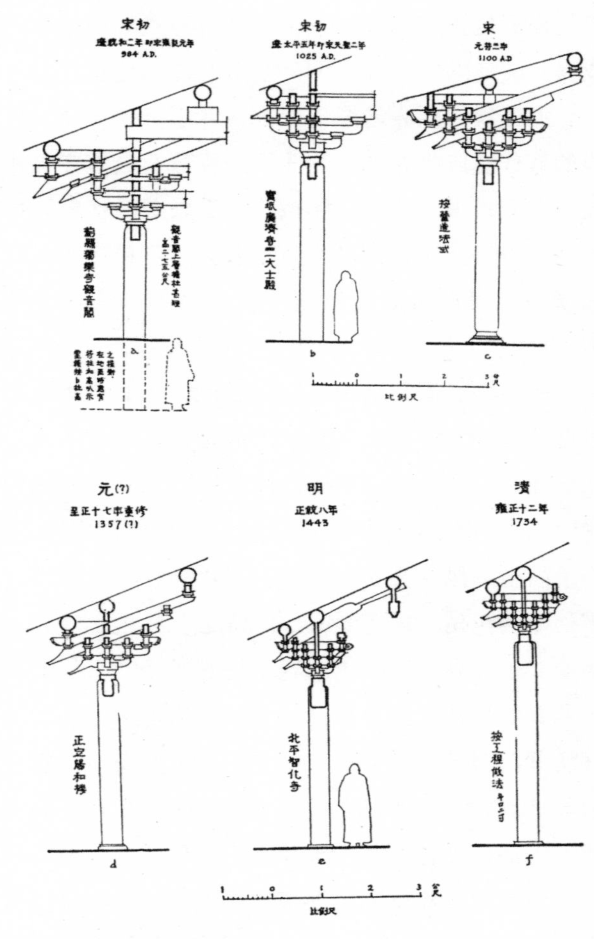

图七　宋元明清斗拱之比较

木（翘或昂）。而辽宋斗拱，如a至d各图，均为一种有机的结构，负责地承受檐及屋顶的荷载。明清以后的斗拱，除在柱头上者尚有相当结构机能外，其平身科已成为半装饰品了。至于斗拱之分布，在唐画中及独乐寺所见，柱头与柱头之间，率只用补间斗拱（清称平身科）一朵（攒）；《营造法式》规定当心间用两朵，次梢间用一朵。至明清以斗口十一分定攒档，两柱之间，可以用到八攒平身科，密密的排列，不止全没有结构价值，本身反成为额枋上重累，比起宋建，雄壮豪劲相差太多了。

梁架用材的力学问题，清式较古式及现代通用的结构法，都有个显著的大缺点。现代用木梁，多使梁高与宽作二与一或三与二之比，以求其最经济最得力的权衡。宋《营造法式》也规定为三与二之比。《工程做法则例》则定为十与八或十二与十之比，其断面近乎正方形，又是个不科学不经济的用材法。

屋顶　历来被视为极特异极神秘之中国屋顶曲线，其实只是结构上直率自然的结果，并没有什么超出力学原则以外和矫揉造作之处，同时在实用及美观上皆异常地成功。这种屋顶全部的曲线及轮廓，上部巍然高耸，檐部如翼轻展，使本来极无趣，极笨拙的实际部分，成为整个建筑物美丽的冠冕，是别系建筑所没有的特征。

因雨水和光线的切要实题，屋顶早就扩张出檐的部分。出檐远，檐沿则亦低压，阻碍光线，且雨水顺势急流，檐下亦发生溅水问题。为解决这两个问题，于是有飞檐的发明：用双层椽子，上层椽子微曲，使檐沿向上稍翻成曲线。到屋角时，更同时向左右抬高，使屋角之檐加甚其仰翻曲度。这“翼角翘起”，在结构上是极合理，极自然的布置，我们竟可以说：屋角的翘起是结构法所促成的。因为在屋角两檐相交处的那根主要构材——“角梁”及上段“由戗”——是较椽子大得很多的木材，其方向是与建筑物正面成四十五度的，所以那并排一列椽子，与建筑物正面成直角的，到了靠屋角处必须积渐开斜，使渐平行于角梁，并使最后一根直到紧贴在角梁旁边。但又因椽子同这角梁的大小悬殊，要使椽子上皮与角梁上皮平，以铺望板，则必须将这开舒的几根椽子依次抬高，在底下垫“枕头木”。凡此种种皆是结构上的问题适当的，被技巧解决了的。

这道曲线在结构上几乎是不可信的简单和自然；

而同时在美观上不知增加多少神韵。不过我们须注意过当或极端的倾向，常将本来自然合理的结构变成取巧和复杂。这过当的倾向，表面上且呈出脆弱虚矫的弱点，为审美者所不取。但一般人常以愈巧愈繁必是愈美，无形中多鼓励这种倾向。南方手艺灵活的地方，飞檐及翘角均特别过当，外观上虽有浪漫的姿态，容易引人赞美，但到底不及北方现代所常见的庄重恰当，合于审美的真纯条件。

屋顶的曲线不只限于“翼角翘起”与“飞檐”，即瓦坡的全部，也是微曲的不是一片直的斜坡；这曲线之由来乃从梁架逐层加高而成，称为“举架”，使屋顶斜度越上越峻峭，越下越和缓。《考工记》“轮人为盖……上欲尊而宇欲卑，上尊而宇卑，则吐水疾而溜远”，很明白地解释这种屋顶实际上的效用。在外观上又因这“上尊而宇卑”，可以矫正本来屋脊因透视而减低的倾向，使屋顶仍得巍然屹立，增加外表轮廓上的美。

至于屋顶上许多装饰物，在结构上也有它们的功用，或是曾经有过功用的。诚实地来装饰一个结构部分，而不肯勉强地来掩蔽一个结构枢纽或关节，是中国建筑最长之处；在屋顶瓦饰上，这原则仍是适用的。脊瓦是两坡接缝处重要的保护者，值得相当的注意，所以有正脊垂脊等部之应用。又因其位置之重要，略异其大小，所以正脊比垂脊略大。正脊上的正吻和垂脊上的走兽等等，无疑的也曾是结构部分。我们虽然没有证据，但我们若假定正吻原是管着脊部木架及脊外瓦盖的一个总关键，也不算一种太离奇的幻想；虽然正吻形式的原始，据说是因为柏梁台灾后，方士说“南海有鱼虬，尾似鸱，激浪降雨”，所以做成鸱尾象，以厌火样的。垂脊下半的走兽仙人，或是斜脊上钉头经过装饰以后的变形。每行瓦陇前头一块上面至今尚有盖钉头的钉帽，这钉头是防止瓦陇下溜的。垂脊上饰物本来必不如清式复杂，敦煌壁画里常见用两座“宝珠”，显然像木钉的上部略经雕饰的。垂兽在斜脊上段之末，正分划底下骨架里由戗与角梁的节段，使这个瓦脊上饰物，在结构方面又增一种意义，不纯出于偶然。

台基　台基在中国建筑里也是特别发达的一部，也有悠久的历史。《史记》里“尧之有天下也，堂高三尺”。汉有三阶之制，左墄右平；三阶就是基台，墄即台阶的踏道，平即御路。这台基部分如希腊建筑的台基一样，是建筑本身之一部，而不可脱离的。

在普通建筑里，台基已是本身中之一部，而在宫殿庙宇中尤为重要。如北平故宫三殿，下有白石崇台三重，为三殿作基座，如汉之三阶。这正足以表示中国建筑历来在布局上也是费了精详的较量，用这舒展的基座，来托衬壮伟巍峨的宫殿。在这点上日本徒知摹仿中国建筑的上部，而不采用底下舒展的基座，致其建筑物常呈上重下轻之势。近时新建筑亦常有只注重摹仿旧式屋顶而摒弃底下基座的。所以那些多层的所谓仿宫殿式的崇楼华宇，许多是生硬地直出泥上，令人生不快之感。

关于台基的演变，我不在此赘述，只提出一个最值得注意之点来以供读《清式则例》时参考。台基有两种：一种平削方整的；另一种上下加枭混，清式称须弥座台基。这须弥座台基就是台基而加雕饰者，唐时已有，见于壁画，宋式更有见于实物的，且详载于《营造法式》中。但清式须弥座台基与唐宋的比较有个大不相同处；清式称“束腰”的部分，介于上下枭混之间，是一条细窄长道，在前时却是较大的主要部分——可以说是整个台基的主体。所以唐宋的须弥座基一望而知是一座台基上下加雕饰者，而清式的上下枭混与束腰竟是不分宾主，使台基失掉主体而纯像雕纹，在外表上大减其原来雄厚力量。在这一点上我们便可以看出清式在雕饰方面加增华丽，反倒失掉主干精神，实是个不可讳认的事实。

色彩　色彩在中国建筑上所占的位置，比在别式建筑中重要得多，所以也成为中国建筑主要特征之一。油漆涂在木料上本来为的是避免风日雨雪的侵蚀；因其色彩分配的得当，所以又兼收实用与美观上的长处，不能单以色彩作奇特繁杂之表现。中国建筑上色彩之分配，是非常慎重的。檐下阴影掩映部分，主要色彩多为“冷色”，如青蓝碧绿，略加金点。柱及墙壁则以丹赤为其主色，与檐下幽阴里冷色的彩画正相反其格调。有时庙宇的柱廊竟以黑色为主，与阶陛的白色相映衬。这种色彩的操纵可谓轻重得当，极含蓄的能事。我们建筑既为用彩色的，设使这些色彩竟滥用于建筑之全部，使上下耀目辉煌，势必鄙俗妖冶，乃至野蛮，无所谓美丽和谐或庄严了。琉璃于汉代自罽宾传入中国；用于屋顶当始于北魏，明清两代，应用尤广，这个由外国传来的宝贵建筑材料，更使中国建筑放一异彩。本来轮廓已极优美的屋宇，再加以琉璃色彩的宏丽，那建筑的冠冕便几无瑕疵可指。但在瓦色的分配上也是因为操纵得宜；尊重纯色的庄严，避免杂色的猥琐，才能如此成功。琉璃瓦即偶有用多色的例，亦只限于庭园小建筑物上面，且用色并不过滥，所砌花样亦能单简不奢。既用色彩又能俭约，实是我们建筑术中值得自豪的一点。

平面　关于中国建筑最后还有个极重要的讨论：那就是它的平面布置问题。但这个问题广大复杂，不包括于本绪论范围之内，现在不能涉及。不过有一点是研究清式则例者不可不知的，当在此略一提到。凡单独一座建筑物的平面布置，依照清《工部工程做法》所规定，虽其种类似乎众多不等，但到底是归纳到极呆板，极简单的定例。所有均以四柱牵制成一间的原则为主体的，所以每座建筑物中柱的分布是极规则的。但就我们所知道宋代单座遗物的平面看来，其布置非常活动，比起清式的单座平面自由得多了。宋遗物中虽多是庙宇，但其殿里供佛设座的地方，两旁供立罗汉的地方，每处不同。在同一殿中，柱之大小有几种不同的，正间、梢间柱的数目地位亦均不同的（参看中国营造学社各期《汇刊》辽宋遗物报告）。

所以宋式不止上部结构如斗拱斜昂是有机的组织，即其平面亦为灵活有功用的布置。现代建筑在平面上需要极端的灵活变化，凡是试验采用中国旧式建筑改为现代用的建筑师们，更不能不稍稍知道清式以外的单座平面，以备参考。

工程 现在讲到中国旧的工程学，本是对于现代建筑师们无所补益的，并无研究的价值。只是其中有几种弱点，不妨举出供读者注意而已。

（一）清代匠人对于木料，尤其是梁，往往用得太费。这点上文已讨论过。他们显然不明了横梁载重的力量只与梁高成正比例，而与梁宽的关系较小。所以梁的宽度，由近代工程学的眼光看来，往往嫌其太过。同时匠师对于梁的尺寸，因没有计算木力的方法，不得不尽量放大，用极高的安全率，以避免危险。结果不但是木料之大靡费，而且因梁本身重量太重，以致影响及于下部的坚固。

（二）中国匠师素不用三角形。他们虽知道三角形是惟一不变动几何形，但对于这原则却极少应用。在清式构架中，上部既有过重的梁，又没有用三角形支撑的柱，所以清代的建筑，经过不甚长久的岁月，便有倾斜的危险。北平街上随处有这种已倾斜而用砖墩或木柱支撑的房子。

（三）地基太浅是中国建筑的一个大病。普通则例规定是台明高之一半，下面垫几步灰土。这种做法很不彻底，尤其是在北方，地基若不刨到冰线以下，建筑物的安全方面，一定要发生问题。

好在这几个缺点，在新建筑师手里，根本就不成问题。我们只怕不了解，了解之后，去避免或纠正它是很容易的。

上文已说到艺术有勃起、呆滞、衰落各种时期，就中国建筑讲，宋代已是规定则例的时期，留下《营造法式》一书；明代的《营造法式》虽未发见，清代的《工程做法则例》却极完整。所以就我们所确知的则例，已有将近千年的根基了。这九百多年之间，建筑的气魄和结构之直率，的确一代不如一代，但是我认为还在抄袭时期；原始精神尚大部保存，未能说是堕落。可巧在这时间，有新材料新方法在欧美产生，其基本原则适与中国几千年来的构架制同一学理。而现代工厂，学校，医院，及其他需要光线和空气的建筑，其墙壁门窗之配置，其铁筋混凝土及钢骨的构架，除去材料不同外，基本方法与中国固有的方法是相同的。这正是中国老建筑产生新生命的时期。在这时期，中国的新建筑师对于他祖先留下的一份产业实在应当有个充分的认识。因此思成将他所已知道的比较详尽的清式则例整理出来，以供建筑师们和建筑学生们的参考。他嘱我为作绪论，申述中国建筑之沿革，并略论其优劣，我对于中国建筑沿革所识几微，优劣的评论，更非所敢。姑草此数千言，拉杂成此一篇，只怕对《清式则例》读者无所裨益但乱听闻。不过我敢对读者提醒一声，规矩只是匠人的引导，创造的建筑师们和建筑学生们，虽须要明了过去的传统规矩，却不要盲从则例，束缚自己的创造力。我们要记着一句普通谚语："尽信书不如无书。"

（本文初刊于一九三四年一月京城印书局印中国营造学社版梁思成著《清式营造则例》，为该书第一章绪论。收入本书时，题目为编者所加）

谈北京的几个文物建筑

北京是中国——乃至全世界——文物建筑最多的城市。城中极多的建筑物或是充满了历史意义，或具有高度艺术价值。现在全国人民都热爱自己的首都，而这些文物建筑又是这首都可爱的内容之一，人人对它们有浓厚的兴趣，渴望多认识多了解它们，自是意中的事。

北京的文物建筑实在是太多了，其中许多著名而已为一般人所熟悉的，这里不谈；现在笔者仅就一些著名而比较不受人注意的，和平时不著名而有特殊历史和艺术上价值的提出来介绍，以引起人们对首都许多文物更大的兴趣。

还有一个事实值得我们注意的，笔者也要在此附笔告诉大家。那就是：丰富的北京历代文物建筑竟是从来没有经过专家或学术团体做过有系统的全面调查研究；现在北京的文物还如同荒山丛林一样等待我们去开发。关于许许多多文物建筑和园林名胜的历史沿革、实测图说，和照片、模型等可靠资料都极端缺乏。

在这种调查研究工作还不能有效地展开之前，我们所能知道的北京资料是极端散漫而不足的，笔者不但限于资料，也还限于自己知识的不足，所以所能介绍的文物仅是一鳞半爪，希望抛砖引玉，借此促起熟悉北京的许多人们将他们所知道的也写出来——大家来互相补充彼此对北京的认识。

天安门前广场和千步廊的制度

北京的天安门广场，这个现在中国人民最重要的广场，在前此数百年中，主要只供封建帝王一年一度祭天时出入之用。一九一九年“五四”运动爆发，中国人民革命由这里开始，这才使这广场成了政治斗争中人民集中的地点。到了三十年后的十月一日，中国人民伟大英明的领袖毛泽东主席在天安门楼上向全世界昭告中华人民共和国的成立，这个广场才成了我们首都最富于意义的地点。天安门已象征着我们中华人民共和国，成为国徽中主题，在五星下放出照耀全世界的光芒，更是全国人民所热爱的标志，永在人们眼前和心中了。

这样人人所熟悉，人人所尊敬热爱的天安门广场本来无须再来介绍，但当我们提到它体型风格这方面和它形成的来历时，还有一些我们可以亲切地谈谈的。我们叙述它的过去，也可以讨论它的将来各种增建修整的方向。

这个广场的平面是作“丁”字形的。“丁”字横画中间，北面就是那楼台峋峙、规模宏壮的天安门。楼是一横列九开间的大殿，上面是两层檐的黄琉璃瓦顶，檐下丹楹藻绘，这是典型的、秀丽而兼严肃的中国大建筑物的体形。上层瓦坡是用所谓“歇山造”的格式。这就是说它左右两面的瓦坡，上半截用垂直的“悬山”，下半截才用斜坡，和前后的瓦坡在斜脊处汇合。这个做法同太和殿的前后左右四个斜坡的“庑殿顶”，或称“四阿顶”的是不相同的。“庑殿顶”气魄较雄宏，“歇山顶”则较挺秀，姿势错落有致些。天安门楼台本身壮硕高大，朴实无华，中间五洞门，本有金钉朱门，近年来常年洞开，通入宫城内端门的前庭。

广场“丁”字横画的左右两端有两座砖筑的东西长安门。每座有三个券门，所以通常人们称它们为“东西三座门”。这两座建筑物是明初遗物。体型比例甚美，材质也朴实简单。明的遗物中常有纯用砖筑，饰以着色琉璃砖瓦较永远性的建筑物，这两门也就是北京明代文物中极可宝贵的。它们的体型在世界古典建筑中也应有它们的艺术地位。这两门同“丁”字直划末端中华门(也是明建的)鼎足而三，是广场的三个入口，也是天安门的两个掖卫与前哨，形成“丁”字各端头上的重点。

全场周围绕着覆着黄瓦的红墙，铺着白石的板道。此外横亘场的北端的御河上还有五道白石桥和它们上面雕刻的栏杆，桥前有一双白石狮子，一对高达八公尺的盘龙白石华表。这些很简单的点缀物，便构成了这样一个伟大的地方。全场的配色限制在红色的壁面，黄色的琉璃瓦，带米白色的石刻和沿墙一些树木。这样以纯红、纯黄、纯白的简单的基本颜色来衬托北京蔚蓝的天空，恰恰给人以无可比拟的庄严印象。

中华门以内沿着东西墙，本来有两排长廊，约略同午门前的廊子相似，但长得多。这两排廊子正式的名称叫作“千步廊”，是皇宫前很美丽整肃的一种附属建筑。这两列千步廊在庚子年毁于侵略军队八国联军之手，后来重修的，工程恶劣，已于民国初年拆掉，所以只余现在的两道墙。如果条件成熟，将来我们整理广场东西两面建筑之时，或者还可以恢复千步廊，增建美好的两条长长的画廊，以供人民游息。廊屋内中便可布置有文化教育意义的短期变换的展览。

这所谓千步廊是怎样产生的呢？谈起来，它的来历与发展是很有意思的。它的确是街市建设一种较晚的格式与制度，起先它是宫城同街市之间的点缀，一种小型的“绿色区”。金、元之后才被统治者拦入皇宫这一边，成为宫前禁地的一部分，而把人民拒于这区域之外。

据我们所知道的汉、唐的两京，长安和洛阳，都没有这千步廊的形制。但是至少在唐末与五代城市中商业性质的市廊却是很发展的。长列廊屋既便于存贮来往货物，前檐又可以遮蔽风雨以便行人，购售的活动便都可以得到方便。商业性质的廊屋的发展是可以理解的，它的普遍应用是由于实际作用而来。至今地名以廊为名而表示商区性质的如南京的估衣廊等等是很多的。实际上以廊为一列店肆的习惯，则在今天各县城中还可以到处看到。

当汴梁（今开封）还不是北宋的首都以前，因为隋开运河，汴河为其中流，汴梁已成了南北东西交通重要的枢纽，为一个商业繁盛的城市。南方的“粮斛百货”都经由运河入汴，可达到洛阳长安。所以是“自江淮达于河洛，舟车辐辏”而被称为雄郡。城的中心本是节度使的郡署，到了五代的梁朝将汴梁改为陪都，才创了宫殿。但这不是我们的要点，汴梁最主要的特点是有四条水道穿城而过，它的上边有许多壮美的桥梁，大的水道汴河上就有十三道桥，其次蔡河上也有十一道，所以那里又产生了所谓“河街桥市”的特殊布局。商业常集中在桥头一带。

上边说的汴州郡署的前门是正对着汴河上一道最大的桥，俗称“州桥”的。它的桥市当然也最大，郡署前街两列的廊子可能就是这种桥市。到北宋以汴梁为国都时，这一段路被称为“御街”，而两边廊屋也就随着被称为御廊，禁止人民使用了。据《东京梦华录》记载：宫门宣德门南面御街约阔三百余步，两边是御廊，本许市人买卖其间，自宋徽宗政和年号之后，官司才禁止的。并安立黑漆舣子在它前面，安朱漆舣子两行在路心，中心道不得人马通行。行人都拦在朱舣子以外，舣内有砖石砌御沟水两道，尽植莲荷，近岸植桃李梨杏杂花，“春夏之月望之如绣”。商业性质的市廊变成“御廊”的经过，在这里便都说出来了。由全市环境的方面看来，这样地改变了嘈杂商业区域成为一种约略如广场的修整美丽的风景中心，不能不算是一种市政上的改善。且人民还可以在朱舨子外任意行走，所谓御街也还不是完全的禁地。到了元宵灯节，那里更是热闹。成为大家看灯娱乐的地方。宫门宣德楼前的“御街”和“御廊”对着汴河上大州桥，显然是宋东京部署上一个特色。此后历史上事实证明这样一种壮美的部署被金、元抄袭，用在北京，而由明清保持下来成为定制。

金人是文化水平远比汉族落后的游牧民族，当时以武力攻败北宋懦弱无能的皇室后，金朝的统治者便很快地要摹仿宋朝的文物制度，享受中国劳动人民所累积起来的工艺美术的精华，尤其是在建筑方面。金朝是由一一四九年起开始他们建筑的活动，迁都到了燕京，称为中都，就是今天北京的前身，在宣武门以西越出广安门之地，所谓“按图兴修宫殿”，“规模宏大”，制度“取法汴京”，就都是慕北宋的文物，蓄意要接受它的宝贵遗产与传统的具体表现。“千步廊”也就是他们所爱慕的一种建筑传统。

金的中都自内城南面天津桥以北的宣阳门起，到宫门的应天楼，东西各有廊二百余间，中间驰道宏阔，两旁植柳。当时南宋的统治者曾不断遣使到“金庭”来，看到金的“规制堂皇，仪卫华整”写下不少深刻的印象。他们虽然曾用优越的口气说金的建筑殿阁崛起不合制度，但也不得不承认这些建筑“工巧无遗力”。其实那一切都是我们民族的优秀劳动人民勤劳的创造，是他们以生命与血汗换来的，真正的工作是由于“役民伕八十万，兵伕四十万”，并且是“作治数年，死者不可胜计”的牺牲下做成的。当时美好的建筑都是劳动人民的果实，却被统治者所独占。北宋时代商业性的市廊改为御廊之后，还是市与宫之间的建筑，人民还可以来往其间。到了金朝，特意在宫城前东西各建二百余间，分三节，每节有一门，东向太庙，西向尚书省，北面东西转折又各有廊百余间，这样的规模，已是宫前门禁森严之地，不再是老百姓所能够在其中走动享受的地方了。

到了元的大都记载上正式地说，南门内有千步廊，可七百步，建棂星门，门内二十步许有河，河上建桥三座名周桥。汴梁时的御廊和州桥，这时才固定地称作“千步廊”和“周桥”，成为宫前的一种格式和定制，将它们从人民手中掳夺过去，附属于皇宫方面。

明清两代继续用千步廊作为宫前的附属建筑。不但午门前有千步廊到了端门，端门前东西还有千步廊两节，中间开门，通社稷坛和太庙。当一四一九年将北京城向南展拓，南面城墙由现在长安街一线南移到现在的正阳门一线上，端门之前又有天安门，它的前面才再产生规模更大而开展的两列千步廊到了中华门。这个宫前广庭的气魄更超过了宋东京的御街。

这样规模的形制当然是宫前一种壮观，但是没有经济条件是建造不起来的，所以终南宋之世，它的首都临安的宫前再没有力量继续这个美丽的传统，而只能以细沙铺成一条御路。而御廊格式反是由金、元两代传至明、清的，且给了“千步廊”这个名称。

我们日后是可能有足够条件和力量来考虑恢复并发展我们传统中所有美好的体型的。广场的两旁也是可以建造很美丽的长廊的。当这种建筑环境不被统治者所独占时，它便是市中最可爱的建筑型类之一，有益于人民的精神生活。正如层塔的峋峙，长廊的周绕也是最代表中国建筑特征的体型。用于各种建筑物之间它是既有实用，而又美丽的。

团城——古代台的实例

北海琼华岛是今日北京城的基础，在元建都以前那里是金的离宫，而元代将它作为宫城的中心，称作万寿山。北海和中海为太液池。团城是其中又特殊又重要的一部分。

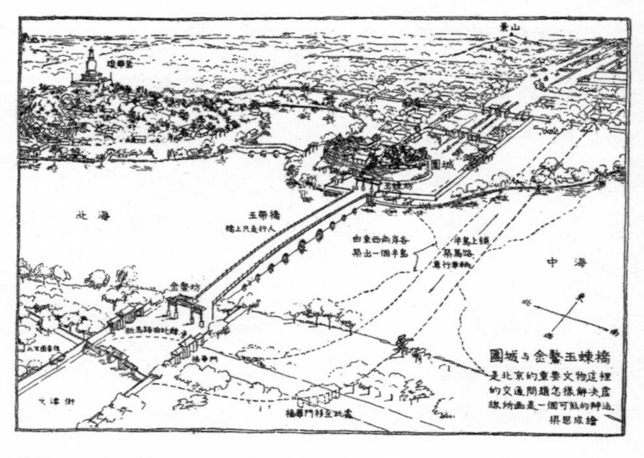

团城与金鳌玉蛛桥

元的皇宫原有三部分，除正中的“大内”外，还有兴圣宫在万寿山之正西，即今北京图书馆一带。兴圣宫之前还有隆福宫。团城在当时称为“瀛洲圆殿”，也叫仪天殿，在池中一个圆坻上。换句话说，它是一个岛，在北海与中海之间。岛的北面一桥通琼华岛（今天仍然如此），东面一桥同当时的“大内”联络，西面是木桥，长四百七十尺，通兴圣宫，中间辟一段，立柱架梁在两条船上才将两端连接起来，所以称吊桥。当皇帝去上都（察哈尔省多伦附近）时，留守官则移舟断桥，以禁往来。明以后这桥已为美丽的石造的金鳌玉蛛桥所代替，而团城东边已与东岸相连，成为今日北海公园门前三座门一带地方。所以团城本是北京城内最特殊、最秀丽的一个地点。现今的委曲地位使人不易感觉到它所曾处过的中心地位。在我们今后改善道路系统时是必须加以注意的。

团城之西，今日的金鳌玉蛛桥是一条美丽的石桥，正对团城，两头各立一牌楼，桥身宽度不大，横跨北海与中海之间，玲珑如画，还保有当时这地方的气氛。但团城以东，北海公园的前门与三座门间，曲折迫隘，必须加宽，给团城更好的布置，才能恢复它周围应有的衬托。到了条件更好的时候，北海公园的前门与围墙，根本可以拆除，团城与琼华岛间的原来关系，将得以更好地呈现出来。过了三座门，转北转东，到了三座门大街的路旁，北面隈小庞杂的小店面和南面的筒子河太不相称；转南至北长街北头的路东也有小型房子阻挡风景，尤其是没有道理，今后一一都应加以改善。尤其重要的，金鳌玉蝀桥虽美，它是东西城间重要交通孔道之一，桥身宽度不足以适应现代运输工具的需要条件，将来必须在桥南适当地点加一道横堤来担任车辆通行的任务，保留桥本身为行人缓步之用。堤的型式绝不能同桥梁重复，以削弱金鳌玉蝀桥驾凌湖心之感，所以必须低平和河岸略同。将来由桥上俯瞰堤面的“车马如织”，由堤上仰望桥上行人则“有如神仙中人”，也是一种奇景。我相信很多办法都可以考虑周密计划得出来的。

此外，现在团城的格式也值得我们注意。台本是中国古代建筑中极普通的类型。从周文王的灵台和春秋秦汉的许多的台，可以知道它在古代建筑中是常有的一种，而在后代就越来越少了。古代的台大多是封建统治阶级登临游宴的地方，上面多有殿堂廊庑楼阁之类，曹操的铜雀台就是杰出的一例。据作者所知，现今团城已是这种建筑遗制的唯一实例，故极可珍贵。现在上面的承光殿代替了元朝的仪天殿，是一六九〇年所重建。殿内著名的玉佛也是清代的雕刻。殿前大玉瓮则是元世祖忽必烈“特诏雕造”，本来是琼华岛上广寒殿的“寿山大玉海”，殿毁后失而复得，才移此安置。这个小台是同琼华岛上的大台遥遥相对。它们的关系是很密切的，所以在下文中我们还要将琼华岛一起谈到的。

北海琼华岛白塔的前身

北海的白塔是北京最挺秀的突出点之一，为人人所常能望见的。这塔的式样属于西藏化的印度窣堵波。元以后北方多建造这种式样。我们现在要谈的重点不是塔而是它的富于历史意义的地址。它同奠定北京城址的关系最大。

本来琼华岛上是一高台，上面建着大殿，还是一种古代台的形制。相传是辽萧太后所居，称“妆台”。换句话说，就是在辽的时代所还保持着的唐的传统。金朝将就这个卓越的基础和北海、中海的天然湖沼风景，在此建筑有名的离宫——大宁宫。元世祖攻入燕京时破坏城区，而注意到这个美丽的地方，便住这里大台之上的殿中。

到了元筑大都，便依据这个宫苑为核心而设计的。就是上文中所已经谈到的那鼎足而立的三个宫；所谓“大内”兴圣宫，和隆福宫，以北海、中海的湖沼（称太液池）做这三处的中心，而又以大内为全个都城的核心。忽必烈不久就命令重建岛上大殿，名为广寒殿。上面绿荫清泉，为避暑胜地。马可波罗（意大利人）在那时到了中国，得以见到，在他的游记中曾详尽地叙述这清幽伟丽奇异的宫苑台殿，说有各处移植的奇树，殿亦作翠绿色，夏日一片清凉。

明灭元之后，曾都南京，命大臣来到北京毁元旧都。有萧洵其人随着这个“破坏使团”而来，他遍查元故宫，心里不免爱惜这样美丽的建筑精华，要遭到无情的破坏，所以一切他都记在他所著的《元故宫遗录》中。

据另一记载（《日下旧闻考》引《太岳集》）明成祖曾命勿毁广寒殿。到了万历七年（一五七九）五月“忽自倾圮，梁上有至元通宝的金钱等”。其实那时据说瓦甓已坏，只存梁架，木料早已腐朽，危在旦夕，当然容易忽自倾圮了。

现在的白塔是清初一六五一年——即广寒殿倾圮后七十三年，在殿的旧址上建立的。距今又整整三百年了。知道了这一些发展过程，当我们遥望白塔在朝阳夕照之中时，心中也有了中国悠久历史的丰富感觉，更珍视各朝代中人民血汗所造成的种种成绩。所不同的是，当时都是被帝王所占有的奢侈建设，当他们对它厌倦时又任其毁去，而从今以后，一切美好的艺术果实就都属于人民自己，而我们必尽我们的力量永远加以保护。

（初刊于一九五一年八月六日《新观察》第三卷第二期，署名林徽因）

我们的首都

中山堂

我们的首都是这样多方面的伟大和可爱，每次我们都可以从不同的事物来介绍和说明它，来了解和认识它。我们的首都是一个最富于文物建筑的名城；从文物建筑来介绍它，可以更深刻地感到它的伟大与罕贵。下面这个镜头就是我要在这里首先介绍的一个对象。

它是中山公园内的中山堂。你可能已在这里开过会，或因游览中山公园而认识了它；你也可能是没有来过首都而希望来的人，愿意对北京有个初步的了解。让我来介绍一下吧，这是一个愉快的任务。

这个殿堂的确不是一个寻常的建筑物；就是在这个满是文物建筑的北京城里，它也是极其罕贵的一个。因为它是这个古老的城中最老的一座木构大殿，它的年龄已有五百三十岁了。它是十五世纪二十年代的建筑，是明朝永乐由南京重回北京建都

图一　皇城内社稷坛（今中山公园）享殿（今中山堂）

时所造的许多建筑物之一，也是明初工艺最旺盛的时代里，我们可尊敬的无名工匠们所创造的、保存到今天的一个实物。

这个殿堂过去不是帝王的宫殿，也不是佛寺的经堂；它是执行中国最原始宗教中祭祀仪节而设的坛庙中的“享殿”。中山公园过去是“社稷坛”，就是祭土地和五谷之神的地方。

凡是坛庙都用柏树林围绕，所以环境优美，成为现代公园的极好基础。社稷坛全部包括中央一广场，场内一方坛，场四面有短墙和棂星门；短墙之外，三面为神道，北面为享殿和寝殿；它们的外围又有红围墙和美丽的券洞门。正南有井亭，外围古柏参天。

中山堂的外表是个典型的大殿。白石镶嵌的台基和三道石阶，朱漆合抱的并列立柱，精致的门窗，青绿彩画的阑额，由于综错木材所组成的“斗拱”和檐椽等所造成的建筑装饰，加上黄琉璃瓦巍然耸起、微曲的坡顶，都可说是典型的、但也正是完整而美好的结构。它比例的稳重，尺度的恰当，也恰如它的作用和它的环境所需要的。它的内部不用天花顶棚，而将梁架斗拱结构全部外露，即所谓“露明造”的格式。我们仰头望去，就可以看见每一块结构的构材处理得有如装饰画那样美丽，同时又组成了巧妙的图案。当然，传统的青绿彩绘也更使它灿烂而华贵。但是明初遗物的特征是木材的优良（每柱必是整料，且以楠木为主），和匠工砍削榫卯的准确，这些都不是在外表上显著之点，而是属于它内在的品质的。

中国劳动人民所创造的这样一座优美的、雄伟的建筑物，过去只供封建帝王愚民之用，现在回到了人民的手里，它的效能，充分地被人民使用了。一九四九年八月，北京市第一届人民代表会议，就是在这里召开的。两年多来，这里开过各种会议百余次。这大殿是多么恰当地用作各种工作会议和报告的大礼堂！而更巧的是同社稷坛遥遥相对的太庙，也已用作首都劳动人民的文化宫了。

北京市劳动人民文化宫

北京市劳动人民文化宫是首都人民所熟悉的地方。它在天安门的左侧，同天安门右侧的中山公园正相对称。它所占的面积很大，南面和天安门在一条线上，北面背临着紫禁城前的护城河，西面由故宫前的东千步廊起，东面到故宫的东墙根止，东西宽度恰是紫禁城的一半。这里是四百零八年以前（明嘉靖二十三年，一五四四年）劳动人民所辛苦建造起来的一所规模宏大的庙宇。它主要是由三座大殿、三进庭院所组成；此外，环绕着它的四周的，是一片蓊郁古劲的柏树林。

这里过去称作"太庙"，只是沉寂地供着一些死人牌位和一年举行几次皇族的祭祖大典的地方。解放以后，一九五〇年国际劳动节，这里的大门上挂上了毛主席亲笔题的匾额——"北京市劳动人民文

图二　太庙

化宫”，它便活跃起来了。在这里面所进行的各种文化娱乐活动经常受到首都劳动人民的热烈欢迎，以至于这里林荫下的庭院和大殿里经常挤满了人，假日和举行各种展览会的时候，等待入门的行列有时一直排到天安门前。

在这里，各种文化娱乐活动是在一个特别美丽的环境中进行的。这个环境的特点有二：

第一，它是故宫中工料特殊精美而在四百多年中又丝毫未被伤毁的一个完整的建筑组群。

第二，它的平面布局是在祖国的建筑体系中，在处理空间的方法上最卓越的例子之一。不但是它的内部布局爽朗而紧凑，在虚实起伏之间，构成一个整体，并且它还是故宫体系总布局的一个组成部分，同天安门、端门和午门有一定的关系。如果我们从高处下瞰，就可以看出文化宫是以一个广庭为核心，四面建筑物环抱，北面是建筑的重点。它不单是一座单独的殿堂，而是前后三殿：中殿与后殿都各有它的两厢配殿和前院；前殿特别雄大，有两重屋檐，三层石基，左右两厢是很长的廊庑，像两臂伸出抱拢着前面广庭。南面的建筑很简单，就是入口的大门。在这全组建筑物之外，环绕着两重有琉璃瓦饰的红墙，两圈红墙之间，是一周苍翠的老柏树林。南面的树林是特别大的一片，造成浓荫，和北头建筑物的重点恰相呼应。它们所留出的主要空间就是那个可容万人以上的广庭，配合着两面的廊子。这样的一种空间处理，是非常适合于户外的集体活动的。这也是我们祖国建筑的优良传统之一。这种布局与中山公园中社稷坛部分完全不同，但在比重上又恰是对称的。如果说社稷坛是一个四条神道由中心向外展开的坛（仅在北面有两座不高的殿堂），文化宫则是一个由四面殿堂廊屋围拢来的庙。这两组建筑物以端门前庭为锁钥，和午门、天安门是有机地联系着的。在文化宫里，如果我们由下往上看，不但可以看到北面重檐的正殿巍然而起，并且可以看到午门上的五凤楼一角正成了它的西北面背景，早晚云霞，金瓦翚飞，气魄的雄伟，给人极深刻的印象。

故宫三大殿

北京城里的故宫中间，巍然崛起的三座大宫殿是整个故宫的重点，“紫禁城”内建筑的核心。以整个故宫来说，那样庄严宏伟的气魄；那样富于组织性，又富于图画美的体形风格；那样处理空间的艺术；那样的工程技术，外表轮廓，和平面布局之间的统一的整体，无可否认的，它是全世界建筑艺术的绝品，它是一组伟大的建筑杰作，它也是人类劳动创造史中放出异彩的奇迹之一。我们有充足的理由，为我们这“世界第一”而骄傲。

三大殿的前面有两段作为序幕的布局，是值得注意的。第一段，由天安门，经端门到午门，两旁长列的“千步廊”是个严肃的开端。第二段在午门

图三 北京故宫太和殿

与太和门之间的小广场，更是一个美丽的前奏。这里一道弧形的金水河，和河上五道白石桥，在黄瓦红墙的气氛中，北望太和门的雄劲，这个环境适当地给三殿做了心理准备。

太和、中和、保和三座殿是前后排列着同立在一个庞大而崇高的工字形白石殿基上面的。这种台基过去称“殿陛”，共高二丈，分三层，每层有刻石栏杆围绕，台上列铜鼎等。台前石阶三列，左右各一列，路上都有雕镂隐起的龙凤花纹。这样大尺度的一组建筑物，是用更宏大尺度的庭院围绕起来的。广庭气魄之大是无法形容的。庭院四周有廊屋，太和与保和两殿的左右还有对称的楼阁，和翼门，四角有小角楼。这样的布局是我国特有的传统，常见于美丽的唐宋壁画中。

三殿中，太和殿最大，也是全国最大的一个木构大殿。横阔十一间，进深五间，外有廊柱一列，全个殿内外立着八十四根大柱。殿顶是重檐的“庑殿式”瓦顶，全部用黄色的琉璃瓦，光泽灿烂，同蓝色天空相辉映。底下彩画的横额和斗拱、朱漆柱、金琐窗，同白石阶基也作了强烈的对比。这个殿建于康熙三十六年（一六九七），已有二百五十五岁，而结构整严完好如初。内部渗金盘龙柱和上部梁枋藻井上的彩画虽稍剥落，但仍然华美动人。

中和殿在工字基台的中心，平面为正方形，宋元工字殿当中的“柱廊”竟蜕变而成了今天的亭子形的方殿。屋顶是单檐“攒尖顶”，上端用渗金圆顶为结束。此殿是清初顺治三年的原物，比太和殿又早五十余年。

保和殿立在工字形殿基的北端，东西阔九间，每间尺度又都小于太和殿。上面是“歇山式”殿顶，它是明万历的“建极殿”原物，未经破坏或重建的。至今上面童柱上还留有“建极殿”标识。它是三殿中年寿最老的，已有三百三十七年的历史。

三大殿中的两殿，一前一后，中间夹着略为低小的单位所造成的格局，是它美妙的特点。要用文字形容三殿是不可能的，而同时因环境之大，摄影镜头很难把握这三殿全部的雄姿。深刻的印象，必须亲自进到那动人的环境中，才能体会得到。

北海公园

在二百多万人口的城市中，尤其是在布局谨严，街道引直，建筑物主要都左右对称的北京城中，会有像北海这样一处水阔天空、风景如画的环境，据在城市的心脏地带，实在令人料想不到，使人惊喜。初次走过横亘在北海和中海之间的金鳌玉蝀桥的时候，望见隔水的景物，真像一幅画面，给人的印象尤为深刻。耸立在水心的琼华岛、山巅白塔、林间楼台，受晨光或夕阳的渲染，景象非凡特殊，湖岸石桥上的游人或水面小船，处处也都像在画中。池沼园林是近代城市的肺腑，借以调节气候，美化环境，休息精神；北海风景区对全市人民的健康所起的作用是无法衡量的。北海在艺术和历史方面的价值都是很突出的，但更可贵的还是在它今天回到了人民手里，成为人民的公园。

我们重视北海的历史，因为它也就是北京城历史重要的一段。它是今天的北京城的发源地。远在辽代（十一世纪初），琼华岛的地址就是一个著名的台，传说是“萧太后台”；到了金朝（十二世纪中），统治者在这里奢侈地为自己建造郊外离宫：凿大池，改台为岛，移北宋名石筑山，山巅建美丽的大殿。元忽必烈攻破中都，曾住在这里。元建都时，废中都旧城，选择了这离宫地址作为他的新城，大都皇

图四　北海白塔

宫的核心，称北海和中海为太液池。元的三个宫分立在两岸，水中前有“瀛洲圆殿”，就是今天的团城，北面有桥通“万岁山”，就是今天的琼华岛。岛立太液池中，气势雄壮，山巅广寒殿居高临下，可以远望西山，俯瞰全城，是忽必烈的主要宫殿，也是全城最突出的重点。明毁元三宫，建造今天的故宫以后，北海和中海的地位便不同了，也不那样重要了。统治者把两海改为游宴的庭园，称作“内苑”。广寒殿废而不用，明万历时坍塌。清初开辟南海，增修许多庭园建筑；北海北岸和东岸都有个别幽静的单位。北海面貌最显著的改变是在一六五一年，琼华岛广寒殿旧址上，建造了今天所见的西藏式白塔。岛正南半山殿堂也改为佛寺，由石阶直升上去，遥对团城。这个景象到今天已保持整整三百年了。

北海布局的艺术手法是继承宫苑创造幻想仙境的传统，所以它以琼华岛仙山楼阁的姿态为主：上面是台殿亭馆；中间有岩洞石室；北面游廊环抱，廊外有白石栏檐，长达三百公尺；中间漪澜堂，上起轩楼为远帆楼，和北岸的五龙亭隔水遥望，互见缥缈，是本着想象的仙山景物而安排的。湖心本植莲花，其间有画舫来去。北岸佛寺之外，还作小西天，又受有佛教画的影响。其他如桥亭堤岸，多少是模拟山水画意。北海的布局是有着丰富的艺术传统的。它的曲折有趣、多变化的景物，也就是它最得游人喜爱的因素。同时更因为它的水面宏阔，林岸较深，尺度大，气魄大，最适合于现代青年假期中的一切活动：划船、滑冰、登高远眺，北海都有最好的条件。

天坛

天坛在北京外城正中线的东边，占地差不多四千亩，围绕着有两重红色围墙。墙内茂密参天的老柏树，远望是一片苍郁的绿荫。由这树林中高高耸出深蓝色伞形的琉璃瓦顶，它是三重檐子的圆形大殿的上部，尖端上闪耀着涂金宝顶。这是祖国一个特殊的建筑物，世界闻名的天坛祈年殿。由南方到北京来的火车，进入北京城后，车上的人都可以从车窗中见到这个景物。它是许多人对北京文物建筑最先的一个印象。

天坛是过去封建主每年祭天和祈祷丰年的地方，

图五　天坛祈年殿

图六　天坛远眺

封建的愚民政策和迷信的产物；但它也是过去辛勤的劳动人民用血汗和智慧所创造出来的一种特殊美丽的建筑类型，今天有着无比的艺术和历史价值。

天坛的全部建筑分成简单的两组，安置在平舒开朗的环境中，外周用深深的树林围护着。南面一组主要是祭天的大坛，称作“圜丘”，和一座不大的圆殿，称“皇穹宇”。北面一组就是祈年殿和它的后殿——皇乾殿、东西配殿和前面的祈年门。这两组相距约六百公尺，有一条白石大道相联。两组之外，重要的附属建筑只有向东的“斋宫”一处。外面两周的围墙，在平面上南边一半是方的，北边一半是半圆形的。这是根据古代“天圆地方”的说法而建筑的。

圜丘是祭天的大坛，平面正圆，全部白石砌成；分三层，高约一丈六尺；最上一层直径九丈，中层十五丈，底层二十一丈。每层有石栏杆绕着，三层栏板共合成三百六十块，象征“周天三百六十度”。各层四面都有九步台阶。这座坛全部尺寸和数目都用一、三、五、七、九的“天数”或它们的倍数，是最典型的封建迷信结合的要求。但在这种苛刻条件下，智慧的劳动人民却在造形方面创造出一个艺术杰作。这座洁白如雪、重叠三层的圆坛，周围环绕着玲珑像花边般的石刻栏杆，形体是这样的美丽，它永远是个可珍贵的建筑物，点缀在祖国的地面上。

圜丘北面棂星门外是皇穹宇。这座单檐的小圆殿的作用是存放神位木牌（祭天时“请”到圜丘上面受祭，祭完送回）。最特殊的是它外面周绕的围墙，平面作成圆形，只在南面开门。墙面是精美的磨砖对缝，所以靠墙内任何一点，向墙上低声细语，他人把耳朵靠近其他任何一点，都可以清晰听到。人们都喜欢在这里做这种“声学游戏”。

祈年殿是祈谷的地方，是个圆形大殿，三重蓝色琉璃瓦檐，最上一层上安金顶。殿的建筑用内外两周的柱，每周十二根，里面更立四根“龙井柱”。圆周十二间都安格扇门，没有墙壁，庄严中呈显玲珑。这殿立在三层圆坛上，坛的样式略似圜丘而稍大。

天坛部署的规模是明嘉靖年间制定的。现存建筑中，圜丘和皇穹宇是清乾隆八年（一七四三）所建。祈年殿在清光绪十五年雷火焚毁后，又在第二年（一八九〇）重建。祈年门和皇乾殿是明嘉靖二十四年（一五四五）原物。现在祈年门梁下的明代彩画是罕有的历史遗物。

颐和园

在中国历史中，城市近郊风景特别好的地方，封建主和贵族豪门等总要独霸或强占，然后再加以人工的经营来做他们的“禁苑”或私园。这些著名的御苑、离宫、名园，都是和劳动人民的血汗和智慧分不开的。他们凿了池或筑了山，建造了亭台楼

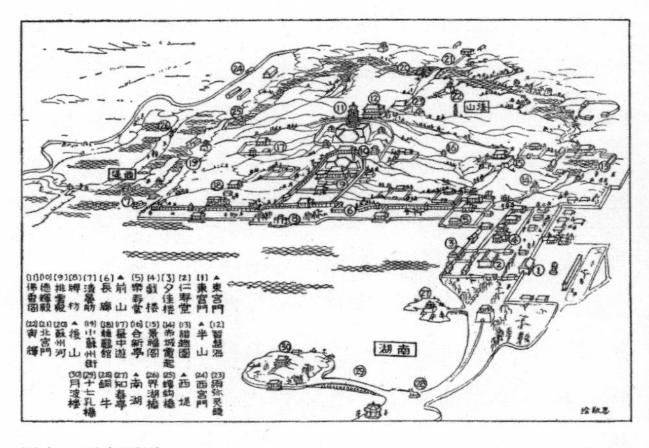

图七　颐和园图

阁，栽植了树木花草，布置了回廊曲径，桥梁水榭，在许许多多巧妙的经营与加工中，才把那些离宫或名园提到了高度艺术的境地。现在，这些可宝贵的祖国文化遗产，都已回到人民手里了。

北京西郊的颐和园，在著名的圆明园被帝国主义侵略军队毁了以后，是中国四千年封建历史里保存到今天的最后的一个大“御苑”。颐和园周围十三华里，园内有山有湖。倚山临湖的建筑单位大小数百，最有名的长廊，东西就长达一千几百尺，共计二百七十三间。

颐和园的湖、山基础，是经过金、元、明三朝所建设的。清朝规模最大的修建开始于乾隆十五年（一七五〇年），当时本名清漪园，山名万寿，湖名昆明。一八六〇年，清漪园和圆明园同遭英法联军毒辣的破坏。前山和西部大半被毁，只有山巅琉璃砖造的建筑和“铜亭”得免。

前山湖岸全部是光绪十四年（一八八八年）所重建。那时西太后那拉氏专政，为自己做寿，竟挪用了海军造船费来修建，改名颐和园。

颐和园规模宏大，布置错杂，我们可以分成后山、前山、东宫门、南湖和西堤等四大部分来了解它的。

第一部后山，是清漪园所遗留下的艺术面貌，精华在万寿山的北坡和坡下的苏州河。东自“赤城霞起”关口起，山势起伏，石路回转，一路在半山经“景福阁”到“智慧海”，再向西到“画中游”。一路沿山下河岸，处处苍松深郁或桃树错落，是初春清明前后游园最好的地方。山下小河（或称后湖）曲折，忽狭忽阔；沿岸摹仿江南风景，故称“苏州街”，河也名“苏州河”。正中北宫门入园后，有大石桥跨苏州河上，向南上坡是“后大庙”旧址，今称“须弥灵境”。这些地方，今天虽已剥落荒凉，但环境幽静，仍是颐和园最可爱的一部。东边“谐趣园”是仿无锡惠山园的风格，当中荷花池，四周有水殿曲廊，极为别致。西面通到前湖的小苏州河，岸上东有“买卖街”，俨如江南小镇（现已不存）。更西的长堤垂柳和六桥是仿杭州西湖六桥建设的。这些都是摹仿江南山水的一个系统的造园手法。

第二部前山湖岸上的布局，主要是排云殿、长廊和石舫。排云殿在南北中轴线上。这一组由临湖一座牌坊起，上到排云殿，再上到佛香阁；倚山建筑，巍然耸起，是前山的重点。佛香阁是八角攒尖顶的多层建筑物，立在高台上，是全山最高的突出点。这一组建筑的左右还有“转轮藏”和“五芳阁”等宗教建筑物。附属于前山部分的还有米山上几处别馆如“景福阁”“画中游”等。沿湖的长廊和中线成丁字形；西边长廊尽头处，湖岸转北到小苏州河，傍岸处就是著名的“石舫”，名清宴舫。前山着重侈大、堂皇富丽，和清漪园时代重视江南山水的曲折大不相同；前山的安排，是“仙山蓬岛”的格式，略如北海琼华岛，建筑物倚山层层上去，成一中轴线，以高耸的建筑物为结束。湖岸有石栏和游廊。对面湖心有远岛，以桥相通，也如北海团城。只是岛和岸的距离甚大，通到岛上的十七孔长桥，不在中线，而由东堤伸出，成为远景。

第三部是东宫门入口后的三大组主要建筑物：一是向东的仁寿殿，它是理事的大殿；二是仁寿殿北边的德和园，内中有正殿、两廊和大戏台；三是乐寿堂，在德和园之西。这是那拉氏居住的地方。堂前向南临水有石台石阶，可以由此上下船。这些建筑拥挤繁复，像城内府第，堵塞了入口，向后山和湖岸的合理路线被建筑物阻挡割裂，今天游园的人，多不知有后山，进仁寿殿或德和园之后，更有迷惑在院落中的感觉，直到出了乐寿堂西门，到了长廊，才豁然开朗，见到前面湖山。这一部分的建筑物为全园布局上的最大弱点。

第四部是南湖洲岛和西堤。岛有五处，最大的是月波楼一组，或称龙王庙，有长桥通东堤。其他小岛非船不能达。西堤由北而南成一弧线，分数段，上有六座桥。这些都是湖中的点缀，为北岸的远景。

天宁寺塔

北京广安门外的天宁寺塔，是北京城内和郊外的寺塔中完整立着的一个最古的建筑纪念物。这个塔是属于一种特殊的类型：平面作八角形，砖筑实心，外表主要分成高座、单层塔身和上面的多层密檐三部分。座是重叠的两组须弥座，每组中间有一道“束腰”，用“间柱”分成格子，每格中刻一浅龛，中有浮雕，上面用一周砖刻斗拱和栏杆，故极富于装饰性。座以上只有一单层的塔身，托在仰翻的大莲瓣上，塔身四正面有拱门，四斜面有窗，还有浮雕力神像等。塔身以上是十三层密密重叠着的

图八　天宁寺塔

瓦檐。第一层檐以上，各檐中间不露塔身，只见斗拱；檐的宽度每层缩小，逐渐向上递减，使塔的轮廓成缓和的弧线。塔顶的“刹”是佛教的象征物，本有“覆钵”和很多层“相轮”，但天宁寺塔上只有宝顶，不是一个刹，而十三层密檐本身却有了相轮的效果。

这种类型的塔，轮廓甚美，全部稳重而挺拔。层层密檐的支出使檐上的光和檐下的阴影构成一明一暗；重叠而上，和素面塔身起反衬作用，是最引人注意的宜于远望的处理方法。中间塔身略细，约束在檐以下、座以上，特别显得窈窕。座的轮廓也因有伸出和缩紧的部分，更美妙有趣。塔座是塔底部的重点，远望清晰伶俐；近望则见浮雕的花纹、走兽和人物，精致生动，又恰好收到最大的装饰效果。它是砖造建筑艺术中的极可宝贵的处理手法。

分析和比较祖国各时代各类型的塔，我们知道南北朝和隋的木塔的形状，但实物已不存。唐代遗物主要是砖塔，都是多层方塔，如西安的大雁塔和小雁塔。唐代虽有单层密檐塔，但平面为方形，且无须弥座和斗拱，如嵩山的永泰寺塔。中原山东等省以南，山西省以西，五代以后虽有八角塔，而非密檐，且无斗拱，如开封的“铁塔”。在江南，五代两宋虽有八角塔，却是多层塔身的，且塔身虽砖造，每层都用木造斗拱和木檩托檐，如苏州虎丘塔，罗汉院双塔等。检查天宁寺塔每一细节，我们今天可以确凿地断定它是辽代的实物，清代石碑中说它是“隋塔”是错误的。

这种单层密檐的八角塔只见于河北省和东北。最早有年月可考的都属于辽金时代（十一至十三世纪），如房山云居寺南塔北塔，正定青塔，通州塔，辽阳白塔寺塔等。但明清还有这形制的塔，如北京八里庄塔。从它们分布的地域和时代看来，这类型的塔显然是契丹民族（满族祖先的一支）的劳动人民和当时移居辽区的汉族匠工们所合力创造的伟绩，是他们对于祖国建筑传统的一个重大贡献。天宁寺塔经过这九百多年的考验，仍是一座完整而美丽的纪念性建筑，它是今天北京最珍贵的艺术遗产之一。

北京近郊的三座“金刚宝座塔”

——西直门外五塔寺塔、德胜门外西黄寺塔和香山碧云寺塔

北京西直门外五塔寺的大塔，形式很特殊；它是建立在一个巨大的台子上面，由五座小塔所组成的。佛教术语称这种塔为“金刚宝座塔”。它是摹仿印度佛陀伽蓝的大塔建造的。

金刚宝座塔的图样，是一四一三年（明永乐时代）西番班迪达来中国时带来的。永乐帝朱棣，封班迪达做大国师，建立大正觉寺——即五塔寺——给他住。到了一四七三年（明成化九年）便在寺中仿照了中印度式样，建造了这座金刚宝座塔。清乾隆时代又仿照这个类型，建造了另外两座。一座就是现在德胜门外的西黄寺塔，另一座是香山碧云寺塔。这三座塔虽同属于一个格式，但每座各有很大变化，和中国其他的传统风格结合而成。它们具体地表现出祖国劳动人民灵活运用外来影响的能力，他们有大胆变化、不限制于摹仿的创造精神。在建筑上，这样主动地吸收外国影响和自己民族形式相结合的例子是极值得注意的。同时，介绍北京这三

图九　北京西黄寺班禅喇嘛塔

图十　碧云寺金刚宝座塔

座塔并指出它们的显著的异同，也可以增加游览者对它们的认识和兴趣。

五塔寺在西郊公园北面约二百公尺。它的大台高五丈，上面立五座密檐的方塔，正中一座高十三层，四角每座高十一层。中塔的正南，阶梯出口的地方有一座两层檐的亭子，上层瓦顶是圆的。大台的最底层是个“须弥座”，座之上分五层，每层伸出小檐一周，下雕并列的佛龛，龛和龛之间刻菩萨立像。最上层是女儿墙，也就是大台的栏杆。这些上面都有雕刻，所谓“梵花、梵宝、梵字、梵像”。大台的正门有门洞，门内有阶梯藏在台身里，盘旋上去，通到台上。

这塔全部用汉白石建造，密密地布满雕刻。石里所含铁质经过五百年的氧化，呈现出淡淡的橙黄的颜色，非常温润而美丽。过于繁琐的雕饰本是印度建筑的弱点，中国匠人却创造了自己的适当的处理。他们智慧地结合了祖国的手法特征，努力控制了凹凸深浅的重点。每层利用小檐的伸出和佛龛的深入，做成阴影较强烈的部分，其余全是极浅的浮雕花纹。这样，便纠正了一片杂乱繁缛的感觉。

西黄寺塔，也称作班禅喇嘛净化城塔，建于一七七九年。这座塔的形式和大正觉寺塔一样，也是五座小塔立在一个大台上面。所不同的，在于这五座塔本身的形式。它的中央一塔为西藏式的喇嘛塔（如北海的白塔），而它的四角小塔，却是细高的八角五层的“经幢”；并且在平面上，四小塔的座基突出于大台之外，南面还有一列石阶引至台上。中央塔的各面刻有佛像、草花和凤凰等，雕刻极为细致富丽，四个幢主要一层素面刻经，上面三层刻佛龛与莲瓣。全组呈窈窕玲珑的印象。

碧云寺塔和以上两座又都不同。它的大台共有三层，底下两层是月台，各有台阶上去。最上层做法极像五塔寺塔，刻有数层佛龛，阶梯也藏在台身内。但它上面五座塔之外，南面左右还有两座小喇嘛塔，所以共有七座塔了。

这三处仿中印度式建筑的遗物，都在北京近郊风景区内。同式样的塔，国内只有昆明官渡镇有一座，比五塔寺塔更早了几年。

鼓楼、钟楼和什刹海

北京城在整体布局上，一切都以城中央一条南北中轴线为依据。这条中轴线以永定门为南端起点，经过正阳门、天安门、午门、前三殿、后三殿、神武门、景山、地安门一系列的建筑重点，最北就结束在鼓楼和钟楼那里。北京的钟楼和鼓楼不是东西相对，而是在南北线上，一前、一后的两座高耸的建筑物。北面城墙正中不开城门，所以这条长达八公里的南北中线的北端就终止在钟楼之前。这个伟大气魄的中轴直串城心的布局是我们祖先杰出的创造。鼓楼面向着广阔的地安门大街，地安门是它南面的“对景”，钟楼峙立在它的北面，这样三座建筑便合成一组庄严的单位，适当地作为这条中轴线的结束。

鼓楼是一座很大的建筑物，第一层雄厚的砖台，开着三个发券的门洞。上面横列五间重檐的木构殿楼，整体轮廓强调了横亘的体形。钟楼在鼓楼后面不远，是座直立耸起、全部砖石造的建筑物；下层高耸的台，每面只有一个发券门洞。台上钟亭也是每面一个发券的门。全部使人有浑雄坚实的矗立的印象。钟、鼓两楼在对比中，一横一直，形成了和

图十一　鼓楼和钟楼

谐美妙的组合。明朝初年智慧的建筑工人，和当时的“打图样”的师父们就这样朴实、大胆地创造了自己市心的立体标志，充满了中华民族特征的不平凡的风格。

钟、鼓楼西面俯瞰什刹海和后海。这两个“海”是和北京历史分不开的。它们和北海、中海、南海是一个系统的五个湖沼。十二世纪中建造“大都”的时候，北海和中海被划入宫苑（那时还没有南海），什刹海和后海留在市区内。当时有一条水道由什刹海经现在的北河沿、南河沿、六国饭店出城通到通州，衔接到运河。江南运到的粮食便在什刹海卸货，那里船帆桅杆十分热闹，它的重要性正相同于我们今天的前门车站。到了明朝，水源发生问题，水运只到东郊，什刹海才丧失了作为交通终点的身份。尤其难得的是它外面始终没有围墙把它同城区阻隔，正合乎近代最理想的市区公园的布局。

海的四周本有十座佛寺，因而得到“什刹”的名称。这十座寺早已荒废。清朝末年，这里周围是茶楼、酒馆和杂耍场子等。但湖水逐渐淤塞，虽然夏季里香荷一片，而水质污秽、蚊虫孳生已威胁到人民的健康。解放后人民自己的政府首先疏浚全城水道系统，将什刹海掏深，砌了石岸，使它成为一片清澈的活水，又将西侧小湖改为可容四千人的游泳池。两年来那里已成劳动人民夏天中最喜爱的地点。垂柳倒影，隔岸可遥望钟楼和鼓楼，它已真正地成为首都的风景区。并且这个风景区还正在不断地建设中。

在全市来说，由地安门到钟、鼓楼和什刹海是城北最好的风景区的基础。现在鼓楼上面已是人民的第一文化馆，小海已是游泳池，又紧接北海。这一个美好环境，由钟、鼓楼上远眺更为动人。不但如此，首都的风景区是以湖沼为重点的，水道的连结将成为必要。什刹海若予以发展，将来可能以金水河把它同颐和园的昆明湖结连起来。那样，人们将可以在假日里从什刹海坐着小船经由美丽的西郊，直达颐和园了。

雍和宫

北京城内东北角的雍和宫，是二百十几年来北京最大的一座喇嘛寺院。喇嘛教是蒙藏两族所崇奉的宗教，但这所寺院因为建筑的宏丽和佛像雕刻等的壮观，一向都非常著名，所以游览首都的人们，时常来到这里参观。这一组庄严的大建筑群，是过去中国建筑工人以自己传统的建筑结构技术来适应喇嘛教的需要所创造的一种宗教性的建筑类型，就如同中国工人曾以本国的传统方法和民族特征解决过伊斯兰教的清真寺或基督教的礼拜堂的需要一样。这寺院的全部是一种符合特殊实际要求的艺术创造，在首都的文物建筑中间，它是不容忽视的一组建筑遗产。

雍和宫曾经是胤禛（清雍正）做王子时的府第。在一七三四年改建为喇嘛寺。

图十二　雍和宫

雍和宫的大布局，紧凑而有秩序，全部由南北一条中轴线贯穿着。由最南头的石牌坊起到“琉璃花门”是一条“御道”——也像一个小广场。两旁十几排向南并列的僧房就是喇嘛们的宿舍。由琉璃花门到雍和门是一个前院，这个前院有古槐的幽荫，南部左右两角立着钟楼和鼓楼，北部左右有两座八角的重檐亭子，更北的正中就是雍和门；雍和门规模很大，才经过修缮油饰。由此北进共有三个大庭院，五座主要大殿阁。第一院正中的主要大殿称作雍和宫，它的前面中线上有碑亭一座和一个雕刻精美的铜香炉，两边配殿围绕到它后面一殿的两旁，规模极为宏壮。

全寺最值得注意的建筑物是第二院中的法轮殿，其次便是它后面的万佛楼。它们的格式都是很特殊的。法轮殿主体是七间大殿，但它的前后又各出五间“抱厦”，使平面成十字形。殿的瓦顶上面突出五个小阁，一个在正脊中间，两个在前坡的左右，两个在后坡的左右。每个小阁的瓦脊中间又立着一座喇嘛塔。由于宗教上的要求，五塔寺金刚宝座塔的型式很巧妙地这样组织到纯粹中国式的殿堂上面，成了中国建筑中一个特殊例子。

万佛楼在法轮殿后面，是两层重檐的大阁。阁内部中间有一尊五丈多高的弥勒佛大像，穿过三层楼井，佛像头部在最上一层的屋顶底下。据说这个像的全部是由一整块檀香木雕成的。更特殊的是万佛楼的左右另有两座两层的阁，从这两阁的上层用斜廊——所谓飞桥——和大阁相联系。这是敦煌唐朝画中所常见的格式，今天还有这样一座存留着，是很难得的。

雍和宫最北部的绥成殿是七间，左右楼也各是七间，都是两层的楼阁，在我们的最近建设中，我们极需要参考本国传统的楼屋风格，从这一组两层建筑物中，是可以得到许多启示的。

故宫

北京的故宫现在是首都的故宫博物院。故宫建筑的本身就是这博物院中最重要的历史文物。它综合形体上的壮丽、工程上的完美和布局上的庄严秩序，成为世界上一组最优异、最辉煌的建筑纪念物。它是我们祖国多少年来劳动人民智慧和勤劳的结晶，它有无比的历史和艺术价值。全宫由“前朝”和

“内廷”两大部分组成；四周有城墙围绕，墙下是一周护城河，城四角有角楼，四面各有一门：正南是午门，门楼壮丽称五凤楼；正北称神武门；东西两门称东华门、西华门，全组统称“紫禁城”。隔河遥望红墙、黄瓦、宫阙、角楼的任何一角都是宏伟秀丽，气象万千。

前朝正中的三大殿是宫中前部的重点，阶陛三层，结构崇伟，为建筑造形的杰作。东侧是文华殿，西侧是武英殿，这两组与太和门东西并列，左右衬

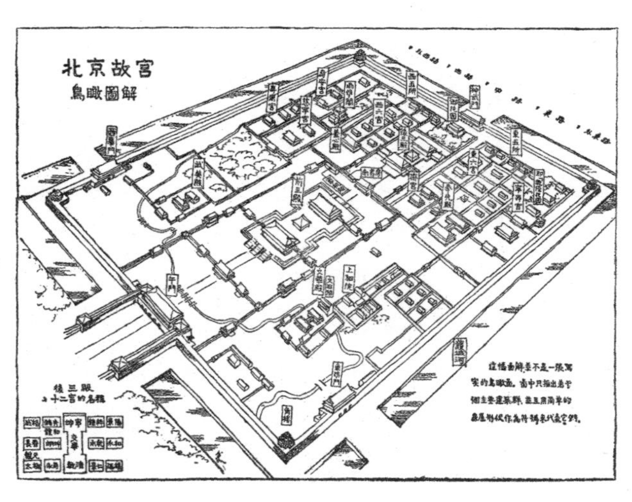

图十三　北京故宫鸟瞰图解

托，构成三殿前部的格局。

内廷是封建皇帝和他的家族居住和办公的部分。因为是所谓皇帝起居的地方，所以借重了许多严格部署的格局和外表形式上的处理来强调这独夫的“至高无上”。因此内廷的布局仍是采用左右对称的格式，并且在部署上象征天上星宿等等。例如内廷中间，乾清、坤宁两宫就是象征天地，中间过殿名交泰，就取“天地交泰”之义。乾清宫前面的东西两门名日精、月华，象征日月。后面御花园中最北一座大殿——钦安殿，内中还供奉着“玄天上帝”的牌位。故宫博物院称这部分作“中路”，它也就是前三殿中轴线的延续，也是全城中轴的一段。

“中路”两旁两条长夹道的东西，各列六个宫，每三个为一路，中间有南北夹道。这十二个宫象征十二星辰。它们后部每面有五个并列的院落，称东五所、西五所，也象征众星拱辰之义。十二宫是内宫眷属“妃嫔”“皇子”等的住所和中间的“后三殿”就是紫禁城后半部的核心。现在博物院称东西六宫等为“东路”和“西路”，按日轮流开放。西六宫曾经改建，储秀和翊坤两宫之间增建一殿，成了一组。长春和太极之间，也添建一殿，成为一组，格局稍变。东六宫中的延禧，曾参酌西式改建“水晶宫”而未成。

三路之外的建筑是比较不规则的。主要的有两种：一种是在中轴两侧，东西两路的南头，十二宫的面的重要前宫殿。西边是养心殿一组，它正在“外朝”和“内廷”之间偏东的位置上，是封建主实际上日常起居的地方。中轴东边与它约略对称的是斋宫和奉先殿。这两组与乾清宫的关系就相等于文华、武英两殿与太和殿的关系。另一类是核心外围规模较十二宫更大的宫。这些宫是建筑给封建主的母后居住的。每组都有前殿、后寝、周围廊子、配殿、宫门等。西边有慈宁、寿康、寿安等宫。其中夹着一组佛教庙宇雨花阁，规模极大。总称为“外西路”。东边的“外东路”只有直串南北、范围巨大的宁寿宫一组。它本是玄烨（康熙）的母亲所居，后来弘历（乾隆）将政权交给儿子，自己退老住在这里曾增建了许多繁缛巧丽的亭园建筑，所以称为“乾隆花园”。它是故宫后部核心以外最特殊也最奢侈的一个建筑组群，且是清代日趋繁琐的宫廷趣味的代表作。

故宫后部虽然“千门万户”，建筑密集，但它们仍是有秩序的布局。中轴之外，东西两侧的建筑物也是以几条南北轴线为依据的。各轴线组成的建筑群以外的街道形成了细长的南北夹道。主要的东一长街和西一长街的南头就是通到外朝的“左内门”和“右内门”，它们是内廷和前朝联系的主要交通线。

除去这些“宫”与“殿”之外，紫禁城内还有许多服务单位如上驷院、御膳房和各种库房及值班守卫之处。但威名煊赫的“南书房”和“军机处”等宰相大臣办公的地方，实际上只是乾清门旁边几间廊庑房舍。军机处还不如上驷院里一排马厩！封建帝王残酷地驱役劳动人民为他建造宫殿，养尊处优，享乐排场无所不至，而即使是对待他的军机大臣也仍如奴隶。这类事实可由故宫的建筑和布局反映出来。紫禁城全部建筑也就是最丰富的历史材料。

（本文共十一节，各节分别初刊于一九五二年《新观察》一月一日第一期、一月十六日第二期、二月一日第三期、二月十六日第四期、三月十六日第五期、五月一日第七期、五月十六日第八期、六月一日第九期、六月十六日第十期、七月一日第十一期。均署名林徽因）

图书在版编目（CIP）数据

论中国建筑之几个特征 / 林徽因著. -- 杭州 : 浙江人民美术出版社, 2025. 1. -- (湖山艺丛). -- ISBN 978-7-5340-5400-6

Ⅰ. TU-862

中国国家版本馆 CIP 数据核字第 20254FK587 号

策划编辑：郭哲渊
责任编辑：谢沈佳
文字编辑：余泽昊
责任校对：段伟文
责任印制：陈柏荣

湖山艺丛

论中国建筑之几个特征

林徽因 著

出版发行：浙江人民美术出版社
（杭州市环城北路177号）
经　　销：全国各地新华书店
制　　版：杭州真凯文化艺术有限公司
印　　刷：浙江新华数码印务有限公司
版　　次：2025年1月第1版
印　　次：2025年1月第1次印刷
开　　本：787mm × 1092mm　1/32
印　　张：4.625
字　　数：80千字
书　　号：ISBN 978-7-5340-5400-6
定　　价：28.00元

湖山艺丛

黄宾虹画语录　黄宾虹 著　王伯敏 编

画法要旨　黄宾虹 著

美育与人生　蔡元培 著

趣味主义　梁启超 著

中国画之价值　陈师曾 著　高昕丹 编

中国画法研究　吕凤子 著

画苑新语　郑午昌 著

听天阁画谈随笔　潘天寿 著

中国传统绘画的风格　潘天寿 著

画微随感录　吴茀之 著

中国画理概论　吴茀之 著

近三百年的书学　沙孟海 著

为什么研究中国建筑　梁思成 著

师道：吴大羽致吴冠中、朱德群、赵无极书信集　吴大羽 著

大羽随笔　吴大羽 著　李大钧 编

* 论中国建筑之几个特征　林徽因 著

中国画的特点　傅抱石 著

山水画的写生与创作　傅抱石 著　伍霖生 记录整理

生活　传统　修养　李可染 著